地区间环境治理合作策略研究

——基于多种污染物损害的视角

凌星元 著

重庆大学出版社

图书在版编目(CIP)数据

地区间环境治理合作策略研究：基于多种污染物损害的视角 / 凌星元著. -- 重庆：重庆大学出版社，2023. 8

ISBN 978-7-5689-4137-2

Ⅰ. ①地… Ⅱ. ①凌… Ⅲ. ①工业企业—关系—地方政府—环境综合整治—研究—中国 Ⅳ. ①X321. 2

中国国家版本馆 CIP 数据核字(2023)第 152888 号

地区间环境治理合作策略研究

——基于多种污染物损害的视角

凌星元 著

策划编辑：顾丽萍

责任编辑：杨 扬 版式设计：顾丽萍

责任校对：王 倩 责任印制：张 策

*

重庆大学出版社出版发行

出版人：陈晓阳

社址：重庆市沙坪坝区大学城西路 21 号

邮编：401331

电话：(023) 88617190 88617185(中小学)

传真：(023) 88617186 88617166

网址：http://www.cqup.com.cn

邮箱：fxk@cqup.com.cn (营销中心)

全国新华书店经销

重庆市国丰印务有限责任公司印刷

*

开本：720mm×1020mm 1/16 印张：14 字数：201 千

2023 年 8 月第 1 版 2023 年 8 月第 1 次印刷

ISBN 978-7-5689-4137-2 定价：59.00 元

前　言

很长一段时间,我国通过实行粗放型经济增长模式获得经济发展及物质财富,环境污染问题也越来越严峻,已危及公众正常的生活和经济的持续健康发展。在此形势下,党和政府很早就高度重视环境保护问题,尤其是党的十八大将生态文明建设列为“五位一体”总体布局中的一个重要方面,党的十九大提出生态环境治理体系与治理能力现代化,先后制定和实施了一系列重大环境保护政策,但我国的环境保护政策主要由中央政府统一制定并由地方政府负责具体执行,因此,地方政府对环境保护政策的执行状况在很大程度上决定了环境污染问题能否得到有效解决,其环境保护行为直接影响整个国家的环境治理效果。然而,由于环境污染往往具有区域性和跨界性特征,单个地方政府无法有效解决环境治理问题,继而各地方政府间如何开展合作治污、提高治污水平等都是亟待解决的现实问题,这关系到人与自然的和谐共生,更关系到生态文明建设的平稳推进。因此,面对当前跨域生态环境治理的严峻形势,为化解跨域治理中的困境和难题,我们需积极探索跨域生态环境合作治理路径。

随着我国城市化、工业化进程的不断加快,环境污染的形势日趋严峻,区域性特征日趋明显,诸如酸雨、灰尘和光化学烟雾等大气污染问题频发。同时区域间的环境污染又相互影响,重点区域的环境污染问题日益严重。再加上我国的能源结构以煤炭等化石燃料为主,而这些化石燃料在燃烧的过程中会同时产生多种污染物,并产生差异化损害。更为严峻的是,随着工业化进程的持续推进,生态环境污染正由传统的以二氧化硫和颗粒物为主的环境污染逐步转变为PM2.5、臭氧以及二氧化硫等多种污染物同时存在且相互影响的新型和复合型环境污染。鉴于此,本书试图以多种污染物(非累积性和累积性污染物)造成差异化损害背景下跨界环境治理问题为现实出发点,以外部性理论、跨界治理理论等为理论基础,以工业企业与地方政府的环境治理策略的影响因素为逻辑起点,运用最优控制理论与方法研究多种污染物损害背景下跨界污染治理问题,深入探讨工业企业与地方政府及地方政府间环境治理策略的互动机制及其影响因素等,并通过数值算例验证方法的合理性与有效性。具体而言,本书的主要研究内容及结论总结如下:

①基于多种污染物对环境造成不同损害的背景,运用最优控制理论构建两个相邻地区关于跨界污染控制博弈模型,分析地区间在非合作和合作治污两种情况下最优的环境治理策略,包括最优的污染物排放量、环境污染治理投资,同时考察非累积性和累积性污染物损害程度对均衡结果、初始污染物存量对污染物存量动态变化的影响,并对两种治污模式下的"最优解"进行比较分析。研究结果表明:合作治污下每个地区的最优污染物排放量低于非合作治污;合作治污下每个地区的最优环境污染治理投资高于非合作治污;无论是非合作治污还是合作治污,每个地区的最优环境污染治理投资均与非累积性污染物的损害程度无关,与污染物存量的损害程度呈正相关;地区间在合作治污下的总收益高于非合作治污下的总收益;无论是非合作治污还是合作治污,污染物存量的最优轨迹均受到初始污染物存量的重要影响。

②基于多种污染物对环境造成差异化损害和生态补偿机制的视角,运用最优控制理论构建一个由受偿地区和补偿地区组成的两个相邻地区关于跨界污染最优控制的博弈模型,分析地区在 Stackelberg 非合作和合作治理下最优的环境治理策略,包括最优的污染物排放量、污染治理投资以及生态补偿系数,探讨非累积性和累积性污染物损害程度对均衡结果的影响,考察初始存量等因素给污染物存量与污染治理投资存量的最优路径带来的变化,并对两种治理模式下的最优解进行比较分析。研究结果表明:合作治理下每个地区的最优污染物排放量低于 Stackelberg 非合作治理下每个地区的最优污染物排放量;合作治理下每个地区的最优污染治理投资高于 Stackelberg 非合作治理下每个地区的最优污染治理投资;无论是 Stackelberg 非合作治理还是合作治理,地区的最优污染治理投资均与非累积性和累积性污染物的损害程度无关,与环境治理的收益系数呈正相关,与污染治理投资成本系数呈负相关;Stackelberg 非合作治理下的最

优生态补偿系数仅取决于两个相邻地区环境治理的收益情况,而与其他因素无关;地区间在 Stackelberg 非合作治理下与合作治理下的总收益之差(合作剩余)与非累积性污染物对相邻地区损害程度、累积性污染物占瞬时污染物排放量的比例,以及污染物存量损害程度均相关,而与非累积性污染物对本地区的损害程度无关;无论是 Stackelberg 非合作治理还是合作治理,污染物存量及污染治理投资存量的最优路径均受到治理方式、初始存量等因素的影响而呈现多样化趋势。

③基于多种污染物对环境造成不同损害的背景,将地方政府与工业企业纳入同一分析框架,首先基于 Stackelberg 博弈分析作为领导者的地方政府以及作为追随者的工业企业的动态决策过程,确定工业企业的最优污染物排放量。随后构建两个相邻地区在非合作治理和合作治理下关于跨界污染最优控制的博弈模型,运用最优控制理论及仿真分析每个地区最优的环境治理策略,包括最优的环境保护税、污染治理投资等,同时考察非累积性污染物和累积性污染物损害程度对均衡结果的影响,以及初始污染物存量对污染物存量动态变化的影响,并对两种治理模式下的最优解进行比较分析。研究结果表明:每个地区在合作治理下的最优环境保护税都高于非合作治理下的最优环境保护税;每个地区在合作治理下的最优污染治理投资高于非合作治理下的最优污染治理投资;各地区在合作治理下的总收益高于非合作治理下的总收益;无论地区间是非合作治理还是合作治理,每个地区的最优环境保护税与工业企业污染物减排比例均呈正相关,而工业企业的最优污染物排放量与污染物减排比例的相关性受到其大小的影响。因此,其相关性不确定。

本书系重庆市教育委员会科学技术研究计划青年项目资助项目(立项编号:KJQN202203124)。

重庆电子工程职业学院

凌星元

2023 年 4 月

目　录

1 绪论

1.1 研究背景

当前,生态环境问题在世界范围内备受关注,并逐渐成为困扰各国政府实现经济可持续发展的全球性问题。日益严峻的环境污染问题已成为人与自然、人与社会之间的多层次矛盾和各种利益的焦点,进而对人类的生存和发展提出了严峻挑战。伴随我国工业化进程的加快,粗放型经济增长模式不仅使得我国经济大大发展,而且创造出较多的物质财富。但是,随着在经济加速发展、能源消费总量不断攀升和污染物排放量日渐增加的背景下,环境对我们的约束力正在逐渐增强。由此,为了实现环境保护与经济增长协调发展的目标,我国政府不断加大对环境保护的力度。以真正扭转我国环境严重污染的局面,这符合党的十九大报告对切实解决生态环境突出问题的迫切要求,更符合我国政府所提出的加强生态保护工作与建设美丽中国的时代背景。再加上环境问题的外部性和复杂性增加了跨行政区环境污染治理的难度,进而如何有效解决跨界环境污染问题已经成为各级政府当前亟待解决的难题。针对跨区域环境治理难题,各级政府开始了跨区域环境治理的积极探索。在这一背景下,本书重点研究地区间存在的多种污染物的跨界环境治理问题,探索并检验地区间、地方政府与企业间的环境治理策略选择的内在机理,具有重要的现实背景和理论意义。

1.1.1 现实背景

改革开放以来,我国在经济方面取得了巨大成就,如经济总量根据当年价格衡量已经从 1978 年的 3 678. 7 亿元增加至 2018 年的 900 309 亿元,年均增长率高达 14. 74%。其中,工业总产值已从 1978 年的 1 621. 5 亿元增加至 2018 年的 305 160.0 亿元,年均增长率为 13.99%;人均收入水平已从 1978 年的 385.0 元增加至 2018 年的 64 520.7 元,后者是前者的 167.6 倍。2018 年,李克强同志在政府工作报告中指出:当前我国作为全球经济增长的最大贡献者,其贡献率已经超出 30%。然而,我国经济获得巨大成绩的代价是生产资源要素的大量投入和生态环境质量的持续恶化,由此引发了大气污染、水污染、土壤污染、噪声污染等生态环境问题,具体见表 1.1—表 1.3。2018 年的《中国生态环境状况公报》表明,我国只有 121 个城市的空气质量达标,占 338 个地级及以上级别城市的 35.8%;217 个城市的空气质量不达标,占 338 个城市的 64.2%;338 个城市共出现重度环境污染天数为 1899 天;338 个城市共出现严重环境污染的天数为 822 天,与 2017 年相比增加了 20 天。从全球公认的环境质量状况的评价指标环境绩效指数(Environmental Performance Index,EPI)来看,我国在《2018 年全球环境绩效指数报告》中排名第 120 位,而其空气质量更是因 PM2.5 综合评测等排在倒数第四名,反映出我国的环境质量排名依然落后,说明经济快速增长给生态环境带来了巨大压力,我国生态环境政策的管理绩效亟须提升。众所周知,生态环境污染会产生一系列的重大损失与威胁:一方面,严重的环境污染不仅会严重破坏生态环境,而且会造成巨大的经济损失。根据我国生态环境部环境规划院所公布的《中国经济生态生产总值核算发展报告 2018》,2015 年我国的生态破坏成本为 0.63 万亿元,环境污染损失成本更是超出 2 万亿元;另一方面,生态环境污染也开始对人类的身体健康产生严重威胁,使得某些重大疾病发病率持续上升。第二届联合国环境大会发布的报告显示,全球 1/4 的死亡人数与环境污染有关,特别是空气污染导致全球每年 700 万人死亡。当前人类的健康成本由于受到环境污染的重大影响而不断提高,这不仅增加了每个家庭的经济负担,而且使得人力资本的形成和积累速度变慢,尤其是在人口老龄化的背景下,未来人力资本供给将受到环境污染所引起的重大疾病的重要影响。

表 1.1 我国废气排放情况(2011—2017 年)

年份	工业废气排放总量/亿立方米	二氧化硫排放总量/万吨	氮氧排放总量/万吨	烟(粉)尘排放总量/万吨
2011	674 509. 0	2 217. 9	2 404. 3	1 278. 8
2012	635 519. 0	2 117. 6	2 337. 8	1 235. 8
2013	669 361. 0	2 043. 9	2 227. 4	1 278. 1
2014	694 190. 0	1 974. 4	2 078. 0	1 740. 8
2015	685 190. 0	1 859. 1	1 851. 0	1 538. 0
2016	——	1 102. 86	1 394. 3	1 010. 7
2017	——	875. 4	1 258. 8	796. 3

数据来源:《中国环境统计公报》《中国统计年鉴》等。

表 1.2 我国废水排放情况(2011—2017 年)

年份	废气排放总量/亿吨	化学需氧量排放总量/万吨	氨氮排放总量/万吨
2011	659. 2	2 499. 9	260. 4
2012	684. 8	2 423. 7	253. 6
2013	695. 4	2 352. 7	245. 7
2014	716. 2	2 294. 6	238. 5
2015	735. 3	2 223. 5	229. 9
2016	711. 1	1 046. 5	141. 8
2017	699. 7	1 022. 0	139. 5

数据来源:《中国环境统计公报》《中国统计年鉴》等。

表 1.3 我国固体废物处理利用情况(2011—2017 年)

年份	工业固体废物产生量/万吨	工业固体废物综合利用量/万吨	工业固体废物贮存量/万吨	工业固体废物处置量/万吨	工业固体废物综合利用率/%
2011	326 204. 0	196 988. 0	61 248. 0	71 382. 0	59. 8

续表

年份	工业固体废物产生量/万吨	工业固体废物综合利用量/万吨	工业固体废物贮存量/万吨	工业固体废物处置量/万吨	工业固体废物综合利用率/%
2012	332 509. 0	204 467. 0	60 633. 0	71 443. 0	60. 9
2013	330 859. 0	207 616. 0	43 445. 0	83 671. 0	62. 2
2014	329 254. 0	206 392. 0	45 724. 0	81 317. 0	62. 1
2015	331 055. 0	200 857. 0	59 175. 0	74 208. 0	60. 2
2016	309 210. 0	184 096. 0	62 599. 0	65 522. 0	59. 5
2017	331 592. 0	181 187. 0	78 397. 0	79 798. 0	54. 6

数据来源:《中国环境统计公报》《中国统计年鉴》等。

但是,政府、社会等应该意识到,现实中很多环境问题都是由多种污染物共同作用的结果。当前我国是一个以煤炭、石油等资源为主的能源生产和消费大国,而这些能源在消费过程中会排放烟尘、二氧化硫、氮氧化物等多种污染物,进而造成差异化的损害。正如王德强等指出:在煤炭资源的生产和消费过程中缺少对多种污染物排放的有效控制,会造成大气污染、酸雨等区域性环境问题,以及气候变化等全球性环境问题。随着我国工业化、城市化进程的加快,环境污染形势日趋严峻,其呈现的区域性特征日趋明显,光化学烟雾、酸雨和灰尘等环境污染问题频繁发生,尤其是逐渐形成由传统型的颗粒物和二氧化硫造成的环境污染与 PM2. 5、臭氧等造成的新型区域性复合型环境污染相互影响与交织的复杂局面。由于二氧化硫、氨氮和氮氧化物等造成的传统型环境污染问题尚未完全解决,以 PM2. 5 等造成的区域性环境污染问题日益突出,我国的环境问题。2015 年,我国政府制定并发布《全面实施燃煤电厂超低排放和节能改造工作方案》,严格限制燃煤电厂烟气中的烟尘、二氧化硫和氮氧化物等主要污染物的排放。随着人们环保意识的增强,重金属、颗粒物和三氧化硫等非常规污染物也成为污染物控制的焦点,因此实现多种污染物的协同控制成为未来污染物治理技术的重要发展方向。由于仅仅依靠单一污染物控制手段已难以解决日益复杂的环境问题,党和政府面对环境问题的复杂化、多样化特征,亟须实现由单一污染物控制方式向多种污染物综合控制方式的转变。

回顾人类与自然关系的漫长演变过程,环境污染是随着18世纪工业化革命而同步呈现的、随着人类经济社会的快速发展而逐渐出现的、随着人类对环境资源的过度使用和严重破坏而逐步突显的问题。传统工业文明社会在科技的推动下,以征服与改造自然、无序开采自然资源以及无约束排放为主要特点,已深刻地改变了人类的生产方式与消费观念,甚至影响到生态文化及其价值观。由于生态环境污染的负外部性效应以及被污染的生态环境难以治理与恢复的特征,人类已经或正在付出较大的经济和环境代价,人类的生存与发展也正遇到严峻的挑战。从世界文明的发展历程来看,绝大多数国家都经历过或者正在遭受生态环境的污染,而在人们对建设美好生态环境的愿望及日趋严峻的生态环境污染问题的形势下,世界各国政府面临的重大抉择之一就是如何有效开展环境治理以提升环境质量,但是由于全球气候正日益恶化以及污染物呈现的空间扩散特性,环境治理已成为世界多数国家所面临的治理难题之一。在此背景下,世界各国在多方面进行了许多尝试、协商与谈判,比如环境污染治理经验的交流与学习、环境治理责任的划分和承担以及加大环境治理的国际合作等。1972年6月,联合国在斯德哥尔摩召开第一次人类环境会议,通过了《人类环境宣言》,首次确定成员国政府对生态环境保护的责任。1992年,联合国环境与发展大会在里约热内卢顺利举行,大会根据全球环境问题的严峻形势,制定了关于环境治理国际合作的战略性措施。2015年签署的《巴黎气候协定》直至今天,为了督促各成员国政府减少污染排放以提升环境质量,世界各国正逐渐达成一系列的合作协议与合作框架。

当前,我国正处于工业化和城镇化加速发展的时期,正面临史上最严峻的生态恶化与环境污染问题。四十多年的经济高速发展既让我国实现了富裕与繁荣,同时让我们面临生态环境难以有效治理的困境。从现实状况来看,与我国取得的经济成就相比,我国的环境公共品以及环境公共服务存在明显供给不足问题,同时未建立完善的环境治理机制与体系,使得“公地悲剧”“毒地事件”“邻避效应”等环境问题不断出现,这严重制约了我国经济的可持续发展,直接与间接地危害了我国居民的生命健康。然而,作为一种公共产品的生态环境质量,其是我国政府必须提供的,但当前由于生态环境污染严重,我国居民对环境基本公共服务的有效需求还未得到满足,这使得我国政府面临来自国内生态环境治理的巨大压力。与此同时,我国已经超越美国成为世界上最大的能源消费国和二氧化碳排放国,正面临着来自国际社会日益严峻的减排压力,尤其是生态环境污染的治理责任。因此,在面对国内日益严峻的环境污染形势和来自国内外的重大挑战与巨大压力,我国政府有必要大力推进环境污染治理与应对气候变化,探索和实施绿色低碳发展模式,促进经济结构转型升级和经济发展模式转变,积极实现经济可持续发展与推动绿色低碳发展,这成为我国政府的必然选择。

鉴于此,党和政府已深刻认识到环境治理的重要性和污染问题的严重性,并制定一系列环境保护指导方针、政策体系和环境管理制度。2003 年,我国发布的《关于加快林业发展的决定》提出“建设山川秀美的生态文明社会”的重要指导思想,这是我国首次将生态文明概念写入国家正式文件。2007 年,党的十七大首次将“生态文明”写入党代会的报告,清晰明确地提出要建设生态文明。2011 年,《中华人民共和国国民经济和社会发展第十二个五年规划纲要》明确提出促进绿色发展,建设资源节约型、环境友好型社会,转变经济发展方式。2012 年,李克强同志在第七次全国环保大会上首次将环境保护纳入基本公共服务范畴,确定提供具有公共服务属性功能的环境产品是政府不可推卸的职责。2012 年,党的十八大首次提出建设“美丽中国”的重要概念以及树立“绿色发展、循环发展、低碳发展”的发展理念,更是把生态文明建设纳入中国特色社会主义事业“五位一体”的总体战略。2013 年,党的十八届三中全会作出《中共中央关于全面深化改革若干重大问题的决定》,确立以建设美丽中国重要理念为中心的生态文明体制变革,加快构建完整的生态文明制度体系。2014 年,我国政府相关部门审议并通过了最新修订的环境保护法,这为生态文明建设构筑牢固的基石与坚强的法治后盾。2014 年,全国人大常委会批准最高人民法院设立环境资源审判庭,标志着我国生态文明建设的环境立法、环境行政和环境司法的基本框架已初步建立。

2016 年,国务院印发《“十三五”生态环境保护规划》,明确了我国“十三五”时期生态环境保护工作的“行动指南”,并把“生态环境质量总体改善”作为该时期经济社会发展的重要目标和基本理念。2017 年,党的十九大报告明确指出,生态文明建设是中华民族永续发展的千年大计,确立全面建设中国特色社会主义现代化强国的重大目标——建设美丽中国,更是把保护生态环境和建设生态文明上升到前所未有的高度。生态文明是人类文明发展的新阶段,是遵循人和自然与社会和谐发展的客观规律而获得的全部物质成果与精神成果,是一种人与自然的和谐共生、持续发展及良性循环为基本宗旨的社会形态。当前,我国政府高度重视生态文明建设,加强对环境保护与治理的顶层设计,陆续制定并实施一系列环境治理方面的法律法规与环境政策。但是,我国自 1979 年颁布《中华人民共和国环境保护法》以来,先后制定和实施了一系列重大环境保护政策,而生态环境污染问题并未得到有效解决,这主要是由于环境治理效果在很大程度上取决于地方政府对环境保护政策的执行状况,因为我国的环境政策主要由中央政府统一制定,但是由地方政府负责具体执行,其环境治理策略则直接影响整个国家的环境治理效果。与此同时,由于环境污染的负外部效应以及地方政府环境治理行为的正外部效应,邻近地区存在环境治理策略选择的相互博弈状况。因此,本书针对多种污染物损害背景下环境保护政策实施过程中各地方政府间、地方政府与工业企业间的环境污染治理策略进行研究与分析,以期揭示我国跨界环境污染治理问题的本质,以期提高区域环境治理效率。这构成本书研究的现实背景。

1.1.2 理论背景

自然环境是人类赖以生存和发展的重要保障,而优质的生态环境则是整个人类社会存在和发展的基础条件,是人类的一种最基本公共需求,能够满足人类多样化的需求。可是,自然生态环境作为一种典型的基本公共服务而存在,具有消费的非竞争性和非排他性,进而因难以界定其产权或者根本无法明确其产权归属问题而可无偿使用,导致人类对生态环境资源的过度开发与消费而形成所谓的"公地悲剧"困境,最终造成严重的环境污染,并对经济社会等多方面产生严重影响。但是,随着国家经济水平的提高以及人们环保意识的提升,人们不仅需要优良生态环境,而且逐渐要求政府承担起环境保护与有效治理环境的重要责任。因此,如何既能对环境污染进行有效治理,又能促进经济良性发展,成为我国政府长期面临且亟待解决的重大现实问题和理论问题,更是建设生态文明、保障经济可持续发展的必然要求和重要内容。针对环境污染治理问题,我国政府一直有所行动,先后成立国家层面管理工作的生态环境部、国家生态环境保护专家委员会、生态资源与环境治理专业委员会等,制定并实施关于大气污染、水污染、固体废物等一系列的环境保护法规和政策,明确提出加快构建资源节约型社会、树立建设美丽中国的重要理念以及持续构建系统的生态文明制度体系等重要战略措施。

然而,由于各种各样的原因,我国政府的环境污染治理行动仍未取得较好的效果,环境污染和生态环境保护的严峻形势没有根本改变,生态环境事件多发频发的高风险态势没有根本改变。由此可见,我国政府在相当长一段时间内会面临相当大的环境压力。如何处理经济发展与环境保护间的矛盾以及如何协调地方政府间的环境治理行动等问题是现阶段我们要回答并急需解决的关键问题。传统分析方法通常将政府、区域等因素视作给定的外生变量,而这忽略了各层级政府间环境治理的责任分担问题,也忽略了多种污染物造成的跨界污染治理问题。国外学术界提出了环境联邦主义,重点关注各层级政府如何在联邦体制内最优地划分环境管理与环境决策权。但是,我国政府实行中央集权的单一制政治体制而经济上实行地方高度分权,这与西方传统联邦体制下的分权存在较大差异,尤其在财政分权和政治晋升的激励机制下,都可能使得各地方政府为实现经济发展、政治晋升等而忽视生态环境质量问题。鉴于此,面对我国环境污染治理的现实困境,本书以“多种污染物的跨界治理”为主题,重点运用博弈论分析、最优理论与控制等方法研究跨界环境污染治理问题,尤其是分析环境污染治理中工业企业与地方政府间的治理策略博弈问题,探讨工业企业以及地方政府的环境治理策略的选择、影响机制和影响效应,以期为破解环境治理困境提供一定的理论支撑并提出相关的政策建议,而这些环境治理方面的基本理论能拓宽污染治理的理论视野,也构成了本书研究的理论背景。

1.2 研究目的与意义

1.2.1 研究目的

环境污染作为威胁人类生存的重要环境问题,越来越受到国内外的广泛关注和重视,而作为碳排放大国,我国正面临着严重的环境污染问题,且其治理行动对全球减排市场的影响极其重要。于是,当今我国政府非常重视环境治理,并把生态文明建设摆在关系人民福祉和民族未来的显著位置,尤其是在经济利益和环境保护方面,我国政府的态度正如习近平总书记系列重要讲话“绿水青山就是金山银山”重要理念所阐释的:我国政府关于如何处理经济发展与环境保护的关系是非常明确和坚定的,更展现出我国政府进行环境污染治理与提高环境质量的坚定决心。从现阶段来看,我国依然处于转型的特殊时期,如不断转变经济增长模式、继续推动工业化进程以及建立健全市场经济,更要承受既要实现经济发展又要推进环境污染治理的双重压力。因而,我国政府能否在保证经济可持续发展的前提下最大限度地减少环境污染与提高生态环境质量,这已经成为当前我国政府必须要面对和解决的重大课题。

众所周知,环境污染的负外部性不仅会导致资源配置的市场失灵,而且不断加剧自然环境的恶化,严重影响和制约着经济向高质量发展转型和人们对美好生活的追求。为此,我国政府为了处置环境治理的市场失灵问题进而解决环境污染的负外部效应,颁布并实施了一系列环境法规与环境政策,以期改善环境污染状况。但是,任何环境政策的执行不仅会影响环境问题的解决,而且会给经济社会各方面带来直接和间接的影响。因此,我国政府在制定和执行环境治理政策时首先要考虑环境污染治理效应,更要保证经济效率。从现实情况来看,尽管我国在环境污染治理方面取得了巨大成就,但环境的改善并不乐观,这主要是各地区环境治理效益的共享性(正外部性)、区域环境的整体性与不可分割性(负外部性)等因素造成的。改革开放以来,我国不断建立健全市场机制以实现各类资源要素的快速流动,有效增加地区间联系,同时加强各区域间的竞争,这就要求各地方政府在环境治理过程中必须打破原来基于传统行政管理辖区的“碎片化”治理格局,实现合作治理环境污染。综上所述,本书的主要目的是系统梳理国内外关于环境污染治理的研究成果,通过探索和揭示地区间、地方政府与工业企业间环境治理的策略选择对污染治理和环境质量提升方面的作用和影响,制定科学合理的环境政策,并试图构建一套系统与高效的环境治理政策体系,既能够有效解决环境污染的负外部效应问题,又能够兼顾经济发展与社会公平,实现环境污染治理的既定目标与经济的可持续发展,以期为我国的环境保护提供一定的理论支撑与政策建议。

1.2.2 研究意义

由于全球气候变暖、生态环境恶化以及能源危机等,国内外学者纷纷从不同角度对生态环境问题进行深入研究,提出包括命令和控制、收费和征税、受益者付费、补贴等一系列解决生态环境问题的环境政策。由于研究角度和立场的不同,学者们提出的解决措施存在较大差异。从国际社会来看,世界各国在今后相当长一段时间内必须控制和减少温室气体以及各种污染物的排放,不断推动工业发展向生态化和绿色化模式转型,以减缓日益恶化的生态环境和气候变暖的趋势,实现经济发展和生态环境的协调发展。于是,我国政府在国际社会形势及国内环境治理的双重压力下实现环境污染的有效治理,不仅是生态环境保护的迫切要求,而且是促进经济可持续发展的内在需要,更是生态文明建设的重要标志。基于此,本书重点对我国的环境污染治理问题进行研究,深入分析与探讨工业企业与地方政府、地方政府与地方政府如何选择多种污染物损害下的环境治理策略及其影响因素问题,其既是环境管理学中前沿性的重大课题,又是对我国环境治理实践提出的现实问题的回应。所以,本书的研究内容具有较强的理论意义与现实意义。

(1)理论意义

随着污染问题以及气候变暖等问题日益突出,作为环境经济学的重要研究内容之一的环境治理受到国内外学术界的广泛关注,并从多角度展开大量研究。但是近年来,由于污染物的跨界流动,各地区间特别是邻近区域间环境污染问题突出,尤其是随着当代跨域性公共事务的日益增多以及传统的科层制管理模式具有的“碎片化管理”弊端,政府必须要探索区域公共事务治理的新模式。因此,国内外学者纷纷针对环境污染的跨界治理问题提出不同的解决对策,而跨界治理作为一种对区域性公共事务有效管理的制度安排,正逐步成为解决区域公共问题的重要工具。当前由于区域生态环境治理的整体性、复杂性以及外部性等特征,作为治理主体的地方政府在环境治理中更需要占据主导地位,突破行政区划,展开合作治理。随着各地经济发展的提速、区域一体化的加速以及区域生态环境问题的日趋严重,地方政府务必加强横向合作,通过政策上的协调、行动上的互动达成共识,实现合作共赢。为了改善环境污染治理效果,国内外许多学者从相关主体在环境规制过程中的策略行为等方面进行分析,研究重点主要集中于一种污染物损害背景下规制主体与规制客体之间的互动以及规制主体之间的互动两个方面。然而,近年来,国外学者关于多种污染物的治理研究主要集中在税收、排污权许可等方面,而国内学者对多种污染物的跨行政区环境治理的研究却非常有限。与此同时,我国在经济快速发展过程中逐渐表现出一体化、区域化及市场化等特点,但由于政治体制改革的相对滞后,我国政府当前尚未构建系统完善的跨越行政辖区的管理体制,使得各行政区域间各种利益的冲突与矛盾频繁出现。为更好地推进跨行政区的环境污染治理与推动生态文明制度体系的完善,关于开展跨行政区的多种污染物损害背景下工业企业与地方政府间、地方政府间的环境治理策略互动方面的研究,就势在必行。

基于此,本书聚焦于多种污染物损害背景下跨界生态环境治理中的工业企业与地方政府间、地方政府间的互动博弈关系,并重点着眼于工业企业与地方政府间、地方政府间的利益关系,其原因在于:各地方政府拥有的行政权力并不是影响与制约无行政隶属关系的地方政府间关系的关键点,而利益关系才是影响与决定横向府际关系中各地方政府行为的根本原因。当前,随着我国城市化进程的不断加快、城市群的逐步形成及区域间经济联系的日益紧密,国内学者开始对公共问题的治理展开研究。因此,本书聚焦于社会现实问题,将地方政府、工业企业的利益分析作为研究的起点,以多种污染物损害背景下跨界污染治理问题作为研究的内容,以工业企业与地方政府间、地方政府间利益的博弈为研究视角,综合运用公共治理理论、跨界治理理论、府际关系理论等理论与方法,构造工业企业与地方政府间、地方政府间关于跨行政区环境治理的利益博弈与协调分析框架,重点剖析地方政府间关于非合作与合作治理污染行为背后的利益博弈与冲突,提出跨行政区环境污染合作治理机制,基于利益视角分析跨行政区环境治理难题,深刻揭示公共问题治理的普遍规律,以期丰富地方政府在跨行政区公共事务中的治理逻辑,对于完善公共治理理论具有一定的意义。由此可见,本书的研究具有一定的理论价值,比如丰富多种污染物损害背景下政府开展环境规制的研究体系,拓宽多种污染物损害背景下跨界污染治理问题研究的外延,以及深化跨学科理论工具在跨界环境问题上的研究内涵,从而为不断加强学科交叉与理论穿插的综合应用提供宝贵的理论支撑,具有较强的理论意义。

(2)现实背景

从现实情况来看,由于污染物的现有量比较大,我国在未来相当长的时间会因经济高速发展造成的负外部性环境污染不能被明显改善,尤其是生态环境保护与经济发展间的矛盾日益突出与尖锐,进而对污染物实施减排是我国政府扭转生态环境日趋恶化趋势的迫切要求。当前我国严峻的环境污染问题已经引起党和政府的高度重视。2012 年,党的十八大报告作出“大力推进生态文明建设”的重要决策。2015 年,“增强生态文明建设”首次被写入中国国家五年规划。2016 年,习近平总书记在省部级主要领导干部专题研讨班上明确强调,要坚定推进绿色发展,让老百姓呼吸上新鲜的空气、喝上干净的水、吃上放心的食物。2017 年,党的十九大报告明确指出,务必加快改革生态文明体制,全力树立美丽中国重要理念,牢牢树立中国特色社会主义的生态文明观念,加速构建人与自然和谐共生的全新局面。可以看出,党的十九大报告已将建设美丽中国当作全面建设中国特色社会主义强国的重大目标,集中体现了新时代中国生态文明建设重要战略思想。鉴于此,如何推动生态文明建设,实现经济发展方式转变和可持续发展,已经成为摆在我国政策制定者和研究者面前的重大任务。因此,中央政府不断提升环境保护工作在地方政府公共治理中的重要程度,而各级地方政府的环境保护意识逐渐增强、环境保护力度逐渐加大,但是,我国环境污染严重的局面并未明显改善,仍然面临着巨大挑战,特别是跨行政区生态环境治理问题并未得到彻底解决。我们应该认识到,我国环境污染治理问题难以得到有效解决的原因之一是:我国在经济发展过程中表现出的非均衡性,即各地区经济发展水平的差异性,使得各地方政府在面对经济发展与环境保护问题时所追求的目标和污染治理策略存在差异。

理论研究与实践证明,区域内地方政府间合作是解决跨界环境污染的重要手段,而各地方政府通过合作方式来治理跨界污染实质上就是区域内地方政府环境治理政策的制定、实施过程。从环境治理的实际情况来看,各地方政府间开展跨界环境合作治理的基本手段是运用各种公共政策,而公共政策主要是对社会利益进行权威性分配,其核心要素是利益。可以看出,跨行政区环境合作治理中包含地方政府、工业企业等多元化利益主体以及其主体间复杂利益关系,而如何实现地方政府、工业企业等各利益主体之间的利益平衡与协调就显得非常关键。所以,深入研究各地方政府合作解决跨界环境治理问题时以利益分析为视角具有深刻的现实意义。当前,面对跨行政区生态环境污染治理低效甚至无效的现实状况,本书以多种污染物损害背景下跨界环境污染治理为出发点,探讨工业企业与地方政府环境治理策略的互动机制、无行政隶属关系的地方政府的非合作与合作治理策略及其利益博弈情况,以期为各地区间制定合理的环境治理策略提供一定依据。此外,本书的研究同样希望为各地方政府在政治领域、经济领域与社会领域等领域构建更加密切的互动与合作关系提供一定的导向,有利于各个地区各种资源的合理配置与优化利用,积极推动我国经济持续健康发展,从而为实现我国经济高速发展与环境质量改善的双赢局面提供新思路与积极借鉴。由此可见,本书的研究内容与当下我国不断推动环境污染跨界合作治理的契合度较高,具有显著的现实意义与研究价值。

1.3 研究内容与方法

1.3.1 研究内容

改革开放40多年来,我国经济持续高速发展被看作世界经济史上的奇迹。受益于改革开放背景下的市场化、城镇化、国际化战略以及财政分权的特色科层组织体系,我国在快速完成工业现代化的进程中,一方面实现了社会产出规模的迅速扩大和国民经济实力的显著增强,另一方面暴露出经济粗放式增长所产生的资源紧缺和环境污染等问题。当前我国正处于高质量发展的关键阶段,而生态环境质量的改善依然面临着能源结构失衡、环境污染以及生态环境事件多发的现实困境。生态环境质量变化是生态环境治理体系和治理能力的直接体现,现代化的生态环境治理体系和治理能力是实现生态环境质量根本好转的重要保障和实现高质量发展的重中之重。立足新发展阶段,以生态环境治理体系和治理能力现代化为抓手推动生态环境质量改善及生态文明建设,已经成为一项紧迫而重大的国家任务。在此背景下,本书试图以多种污染物(非累积性和累积性污染物)造成差异化损害背景下跨界环境污染治理问题为现实出发点,以外部性理论、跨界治理理论等为理论基础,以工业企业与地方政府的环境治理策略的影响因素为逻辑起点,运用最优控制理论与方法研究多种污染物损害背景下跨界污染治理问题,深入探讨工业企业与地方政府间及地方政府间环境治理策略的互动机制及其影响因素等,并通过数值算例验证方法的合理性与有效性,以期设计相应的合作治理机制,解决存在的区域性复杂性的多种污染物问题,实现经济发展与环境保护的双赢。本书共分为六章,主要包含如下研究内容:

第 1 章为绪论。本章主要介绍本书的研究背景、研究目的与研究意义、研究内容与研究方法、研究思路与技术路线、研究的特色与创新之处等。

第 2 章为理论基础以及国内外研究综述。本章主要概述多种污染物损害背景下环境问题的跨界治理所涉及的外部性理论、跨界治理理论、公共物品理论、公共治理理论及府际关系理论等,同时从非合作与合作治理视角、环境政策工具运用视角、生态补偿机制视角以及政府与企业两个主体策略互动视角这四个方面对国内外研究现状进行综述。

第 3 章为仅考虑多种污染物损害的跨界污染治理策略。本章选择多种污染物(非累积性和累积性污染物)给环境造成差异化损害的视角,运用最优控制理论构建两个相邻地区关于跨界污染最优控制的博弈模型,分析地区间在非合作和合作治污两种情况下的环境污染治理策略,包括污染物排放量、环境污染治理投资等,探讨污染物存量的动态变化情况,并对这两种情况下的最优解进行了比较与分析。

第 4 章为考虑多种污染物损害和生态补偿的跨界污染治理策略。本章基于多种污染物(非累积性和累积性污染物)给环境造成差异化损害与生态补偿机制的视角,运用最优控制理论构建了一个由受偿地区和补偿地区组成的、两个相邻地区间关于跨界污染最优控制的博弈模型,分析地区间在 Stackelberg 非合作和合作治理两种情况下的跨界污染合作治理策略,包括污染物排放量、环境污染治理投资以及生态补偿系数等,探讨污染物存量以及环境污染治理投资存量的动态变化情况,并对这两种情况下的最优解进行了比较与分析。

第 5 章为考虑多种污染物损害和环境规制的跨界污染治理策略。本章重点考虑多种污染物(非累积性和累积性污染物)给环境造成差异化损害的前提下,首先基于 Stackelberg 博弈分析居于主导地位的地方政府和跟随者的工业企业各自的动态决策过程,确定工业企业的最优污染物排放量;随后运用最优控制理论与方法构建两个相邻地区间在非合作和合作治理博弈下关于跨界污染最优控制与治理的博弈模型,深入分析各地方政府在这两种情况下的环境治理策略,包括最优的环境保护税、环境污染治理投资,探讨污染物存量在两种情况下的动态变化情况,并对这两种情况下的最优解进行了比较与分析。

第6章为研究结论及展望。本章主要对本书的研究内容进行全面梳理和归纳,总结并分析本书的研究结论及存在的不足,并对后续研究进行展望,同时提出一些政策建议,以期为地方政府及环保部门提供一定的决策参考。

1.3.2 研究方法

科学的研究方法是解决问题、寻找答案不可或缺的必要条件。研究方法的选择直接关系到认识研究对象的深度,也影响了正确研究结果的获得。环境问题实质上是一个涉及多学科、多领域的综合体,基于研究对象的这种复杂性,我们需要选择多种研究方法来达到研究目的。鉴于此,本书在充分理解与掌握外部性理论、跨界治理理论、公共物品理论、公共治理理论以及府际关系理论等基础上,综合运用文献研究法、数理模型和博弈演绎法、定量分析与定性分析法、动态博弈分析法以及多学科交叉研究法等,深入探讨多种污染物损害背景下地区间的生态环境治理问题。本书在研究过程中使用的主要方法如下:

(1)文献研究法

根据现实研究的需要,本文充分运用国内外各种数据库有效检索的方法,搜集、鉴别、整理并分析与环境治理相关的研究文献,尤其是与跨行政区环境污染治理相关的国内外经典著作以及前沿性研究文献,在大量阅读与充分理解的基础上,综合分析、归纳、整理与总结一种污染物和多种污染物损害背景下,跨行政区环境治理的研究现状、存在的问题及其原因、研究争议与焦点、研究新技术、研究新动向、研究新方法及研究新发现等,并且加以评论与综述。在此基础上,本书重点整理与分析多种污染物损害背景下跨界环境治理问题的相关文献，随后对关于跨界污染治理的相关研究从非合作与合作治理问题、环境政策工具运用问题、生态补偿机制问题以及政府与企业两个主体策略互动问题等方面，对跨界环境治理的国内外文献进行全面梳理与分类，并重点总结多种污染物损害背景下的跨界环境污染治理的研究进展，从而为本书的研究提供坚实的理论基础，同时在研究方法上给予其一定参考。

（2）综合运用数理模型和仿真模拟法

数理分析模型或称数理模型，是被用来解决经济管理中的量化问题和挑战。数理模型也是抽象化的表述，它是运用数学符号和数学表达式来研究和表示经济过程和现象的研究方法。这种模型主要运用于定量分析，使经济活动过程和业务研究的表述更加简洁清晰，其推理、计算更加快速、直观、方便和精确，从而帮助各相关主体进行有效决策或指导其业务开展，使经营或管理活动获得最大的经济效果。本书在分析通过采取环境保护税、环境污染治理投资等策略来控制与治理环境污染的影响机制时，重点运用最优控制理论与方法构建环境污染最优控制的博弈模型，主要探讨工业企业与地方政府间、地方政府间各自的最优策略选择的互动博弈情况，分别得出工业企业、地方政府选择的最优治理策略并分析其影响因素，最后通过仿真模拟分析方法对工业企业、地方政府的最优策略进行验证和深化入析，以期得到更多有益的研究结论，并为地方政府及相关部门的决策提供参考。

（3）定性与定量分析相结合的研究法

定量分析方法主要是对现实社会中各种现象的数量特征、数量变化等指标的分析，其功能主要是描述和展示各种社会现象发展的现状、特点与趋势等，并展示其存在的相互关系，而定性分析方法重点是对各研究对象开展“质”的深入分析，即通过运用分析与总结、归纳与演绎以及概括与抽象等研究方法，对获得的各种资料进行深度加工与探索，实现去伪存真与由表及里的深刻认识，最终达到透过现象认识事物本质及揭示现象内在规律。首先,本书的第 1 章中主要运用定量研究方法分析与概述我国环境污染的具体现状,以期了解与掌握我国当前环境问题的严重形势,并为后文的研究做铺垫。其次,本书的第 3 章、第 4 章和第 5 章均采取定量研究方法,将多种污染物损害背景下的跨界环境治理问题与现象用具体数量来表示,进而构建具体的数量模型,分析与解释工业企业、地方政府的最优治理策略,即这 3 章分别从不同的研究视角构建关于多种污染物损害背景下跨行政区环境问题治理的理论模型,经过数理推演求得最优策略后都通过真实数据或数值算例进行测算与分析,以求验证数量模型的合理性。此外,本书也采用定性研究方法分析跨界环境污染治理问题,从而使得本书的研究契合学术规范与科学研究,也更加贴近社会现实。

(4)动态博弈分析法

博弈论是一门以数学为关键基础的学科,已成为现代经济学里非常重要的分析工具,主要通过构建严谨的数理模型来探讨与分析博弈者在对抗与冲突中的最优决策问题。静态博弈分析方法是一种孤立地、静态地研究某些经济现象的方法,即其完全忽略时间因素的影响与参与者行动的变动过程,只分析与讨论某些经济现象在任一时点上所处的均衡状态,重点考察各种经济现象的均衡状态以及有关经济变量达到均衡状态所需的基本条件。动态博弈是指博弈者的行动存在先后顺序,且博弈后行动者可观察到博弈先行动者的策略选择,并据此做出相应的策略选择。动态博弈分析方法是一种动态探讨博弈参与者的策略变动的方法,即其讨论博弈参与者的行动顺序所带来的影响问题,分析有关变量随时间推移所存在的相互影响以及彼此制约关系等变动情况。因此,为了探讨工业企业与地方政府间存在的环境治理策略的互动问题,本书在研究过程中重点运用动态博弈分析法探讨其各决策主体的最优策略及其彼此间的影响情况。与此同时,本书在研究多种污染物损害背景下跨界环境治理问题时,考虑到时间因素的影响,重点探索与分析工业企业的污染物排放量、环境污染治理投资与地方政府的环境保护税、环境污染治理投资等策略的选择问题，同时探索污染物存量等变量随时间推移的变化情况。

（5）多学科交叉研究法

交叉研究主要是指跨领域、跨学科、多学科的学科交叉、多学科交叉的科学研究、技术研究、应用研究。随着社会的快速发展，各种学科不再局限于单纯研究某一领域，而是跨学科、跨领域的综合性研究，这也适应了时代的发展需求。多学科交叉研究的重点在于，利用不同学科之间的交叉性来攻克各种难题，体现出的有效性不仅在于单一学科的研究，而且在于多个学科之间能够交叉对相关理论进行深入探究，以及更加有效地避免各种困境。多学科交叉研究的优势在于，从不同学科中提取最有效的信息，并将其集合成协同的研究方法。它通过将不同学科的研究成果进行组合和分析，以得出解决实际问题的解决办法。除此之外，它能够有效地克服单一学科的局限性，有助于发掘深层次的信息，帮助更好地理解问题与分析问题。本书在研究过程中综合运用管理学、经济学等多个学科的理论与研究方法，主要涉及系统分析、优化理论、仿真模拟等学科领域，进而从多视角、多维度分析多种污染物损害背景下的跨界环境污染治理问题。

1.4 研究思路与技术路线

1.4.1 研究思路

由于生态环境的整体性及环境污染的扩散性与跨域性，地方政府仅仅依靠单独行动是无法有效地解决跨行政区的环境污染问题，而地方政府间合作才是跨行政区环境问题的治理之道。因此,本书将多种污染物损害背景下跨行政区环境治理作为研究问题,围绕多种污染物的跨界环境治理这一核心问题,严格按照“研究背景—现状分析—理论基础—文献梳理—机理研究—数量模型构建—数值算例验证—研究结论与政策建议”的逻辑框架展开研究:首先,清晰阐明本书的研究背景、研究目的与意义、研究内容与方法等;其次,合理界定理论基础以及全面分析与环境问题治理相关的国内外研究文献;再次,根据最优控制理论与方法,构建多种污染物损害背景下跨界环境污染治理的数量模型,并随后展开数值算例验证分析,深入剖析工业企业、地方政府进行环境治理的最优策略及其影响机制;最后,本书在研究结论的基础上提出针对性的政策建议。总之,围绕多种污染物损害的背景下跨行政区环境治理中工业企业与地方政府间以及地方政府间的环境治理策略的互动问题,本书严格遵照“合作治理主体——合作治理需求——合作治理困境——合作治理行动实现”的思路进行阐述与研究。

1.4.2 技术路线

伴随工业化和城市化进程的加快,我国在经济社会发展等方面取得长足进步的同时,也面临日趋严重的环境污染问题,尤其以跨界[省(直辖市、自治区)、市、县、乡边界]流动性为特征的污染问题愈发凸显,在区域间呈现出单向或交叉的外溢性。环境污染流动性造成的各辖区污染排放间的相互传输关系,使得环境合作引起的改善的区域环境一般应为整个区域共享,此时一旦跨辖区的环境污染发生外溢并存在“搭便车”行为,将会遏制地方政府治理环境污染的动机。为此,本书基于微观经济学的理论基础和动态博弈理论的分析工具,以跨行政区环境治理问题为研究对象,以多种污染物的跨界治理为研究主线,以多种污染物损害背景下的跨界污染治理机制为研究目标而展开研究。本书的研究技术路线具体如图 1.1 所示。

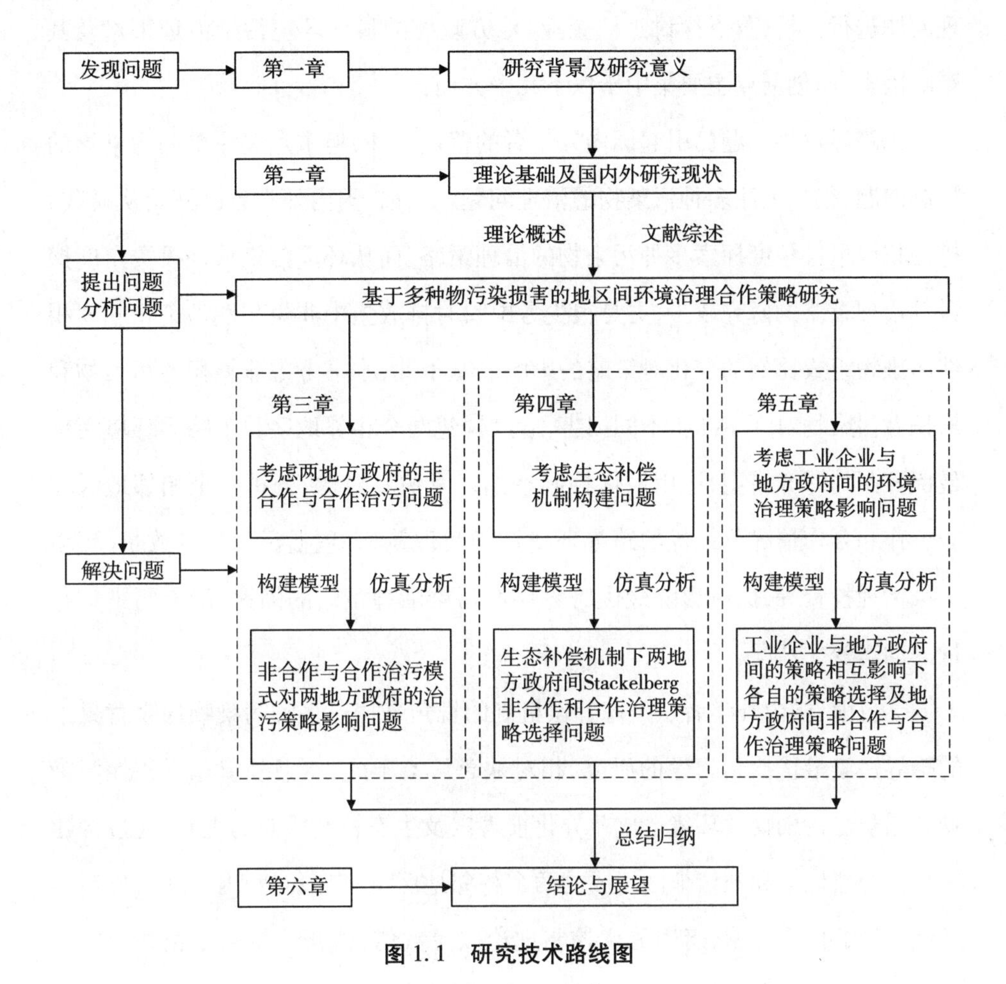

图 1.1 研究技术路线图

1.5 本书的特色与创新之处

本书的研究特色主要为:绝大多数国内外学者重点关注一种污染物(即排放的全部污染物被视为一种污染物)损害背景下的环境污染治理问题,而本书主要研究多种污染物损害背景下的跨行政区环境污染治理问题。因此,本书通过构建数理模型、运用经济仿真分析法,对多种污染物损害背景下跨界环境治

理问题进行分析,重点探讨工业企业、地方政府的最优环境污染治理策略及其影响因素,而创新点主要集中于以下几个方面:

①跨界污染问题已引起国内外学者的普遍关注,但重点关注单一污染物的控制问题,很少关注多种污染物的治理问题。当前,国内外学者已开始从税收、排污权许可等角度探索多种污染物的治理策略,而从环境污染治理投资角度探讨其治理策略的研究较少,更是很少考虑瞬时排放量中非累积性污染物和累积性污染物组成比例的变化对策略的影响。基于此,本书考虑非累积性污染物和累积性污染物对环境产生不同损害,通过构建两个相邻地区关于跨界环境污染最优控制的博弈模型,运用最优控制理论以及仿真对比,分析两个相邻地区在非合作和合作情况下最优的跨界环境污染治理策略,包括污染物排放量、环境污染治理投资等,探讨影响最优跨界环境污染治理策略的因素,研究污染物存量的动态变化情况。

②目前,国内外学者从生态补偿机制的视角来探讨多种污染物损害背景下的跨界污染最优控制问题的研究,相对缺乏。鉴于此,本书基于非累积性污染物和累积性污染物对环境造成差异化损害以及生态补偿机制的视角,通过构建一个由受偿地区和补偿地区组成的两个相邻地区,在有限时间内实现跨界污染最优控制的博弈模型,运用最优控制理论以及数值,仿真分析两个相邻地区在Stackelberg 非合作和合作博弈情况下最优的跨界环境污染合作治理策略,包括污染物排放量、环境污染治理投资以及生态补偿系数等,探讨污染物存量以及环境污染治理投资存量的动态变化情况,讨论影响最优跨界环境污染合作治理策略的因素。

③考虑非累积性污染物和累积性污染物对环境造成不同损害的前提下,本书将地方政府与工业企业纳入同一个分析框架下,首先基于 Stackelberg 博弈模型分析作为领导者的地方政府,以及作为追随者的工业企业各自的动态决策过程,确定工业企业的最优污染物排放量。随后构建两个相邻地区在非合作和合

作治理博弈两种情况下跨界环境污染最优控制的博弈模型,重点运用最优控制理论,以及仿真对比分析两个相邻地区间的最优跨界环境污染治理策略,包括环境保护税、环境污染治理投资,探究最优跨界环境污染治理策略的影响因素,讨论污染物存量的动态变化情况。

2 理论基础及国内外研究综述

理论是行动的指南,任何研究都要建立在一定的理论和实践基础上,跨界环境治理是一个复杂的系统问题,这就需要从相关的理论和已有研究成果的基础上进行综合分析,进而明确本书的研究内容与研究重点,而对相关理论的探索与分析则能够为跨界生态环境合作治理的研究提供坚实的理论依据,并为后续研究内容的展开奠定理论基础。本章内容的主要任务就是对本书研究涉及的理论基础进行概述,主要是对外部性理论、跨界治理理论、公共物品理论、公共治理理论等与本课题研究主题相契合的理论进行介绍和梳理,同时对国内外的研究现状进行综述,以明确同主题的研究现状,奠定本书研究的相关基础。

2.1　理论基础

2.1.1　外部性理论

经济学家亚当·斯密最早对市场经济运行机制展开了系统研究与论述,于1776年在经典著作《国富论》中完整阐释经济自由主义思想,重点分析政府在各种经济社会事务中的重要作用,强调充分运用市场机制这一"看不见的手"来引导各种以自身经济利益最大化为中心的私人经济活动,最终达到不断促进资本的积累以及持续增加国民财富的重要目标。为了实现这一目的,他认为一个国家的司法、国防等基本公共物品由政府来提供,而不主张政府以任何一种形式来干预私人进行的各种经济活动。但是,他也意识到"外部性"的存在,即他认为如果由个人或者少数人来建设公共工程,那么所得到的利润就不能抵消其建设费用,因此,该类工程不能期望由个人或者少数人来建设或者维持。显然,他已认识到负外部性存在问题,同时看到市场失灵现象,因而,他认为公共工程与设施的建设、运营及维持的费用问题主要有两种解决措施:政府全部承担和政府与受益者共同负担。

1890年,英国剑桥学派奠基者、新古典经济学家马歇尔在其经典的著作《经济学原理》中最先提出了"外部经济"概念。他着重指出,一个企业的生产规模的不断扩大主要取决于两种经济形式:第一种是一个企业的发展与扩张受到其所处工业类型的实际发展情况的重要影响;第二种是一个企业的发展与扩张取决于自身所拥有的资源情况、组织运行和管理效率,而前一种可称为外部经济(External Economies),后一种可称为内部经济(Internal Economies),即外部经济是由企业间分工而导致的效率提高,并不是由一个企业或者部门的规模所导致的,主要是指企业外部的各种因素所导致的生产费用的减少,这些影响因素包括企业离原材料供应地和产品销售市场的远近、市场容量的大小、运输通信的便利程度、其他相关企业的发展水平等。而内部经济是由企业内分工而带来的效率提高,主要是指企业内部的各种因素所导致的生产费用的节约,这些影响因素包括劳动者的工作热情、工作技能的提高、内部分工协作的完善、先进设备的采用、管理水平的提高和管理费用的减少等。随后,学者们从不同的视角定义外部性。

1920年,公共财政学的奠基人庇古发表了西方经济学发展中第一部系统论述福利经济学问题的著作《福利经济学》,首次运用现代经济学的方法从福利经济学的角度系统地分析、研究与完善了外部性问题,尤其是在马歇尔提出的"外部经济"概念基础上提出"外部不经济"的重要理论。与此同时,他认为对外部性问题的相关研究与分析,不仅要关注企业在发展中受到某些外部因素的影响问题,而且要重视企业或者居民所从事的各种活动给其他企业或居民所带来的影响问题。他进一步指出,由于外部经济效应会使得完全竞争状态下不能实现社会资源的帕累托最优配置。于是,为了解决存在的外部性问题以及达成外部性效应的内部化,他倡导由政府通过实施补贴、征税等各种方式来干预,有效校正并引导经济主体的各种行为,实现各种私人资源的利用与配置符合社会的整体利益,最终实现正外部性与负外部性活动都处于社会的最优水平。

继庇古之后,许多学者对外部性问题展开大量深入的分析与研究。1952

年,米德(Meade)就外部性给出了如下表述:一种外部经济(或外部不经济)主要是指某市场交易的当事人在制定交易决策时,可能对未参与该决策的旁观者带来可察觉的影响(得到利益或蒙受损失)。新制度经济学的奠基人科斯(Coase)对庇古理论进行了批判,认为外部效应的内部化问题被庇古税理论所支配,于 1960 年发表其经典著作《社会成本问题》,指出存在外部性的相互性问题,同时主张由市场来校正外部性问题。在他看来,经济主体间的各种交易行为在产权明确界定的条件下就可通过市场有效地处置外部性问题,实现最佳的资源配置。1975 年,公共选择学派代表人物之一的布坎南(Buchanan)发表了《自由的限度——在无政府和利维坦之间》,对社会秩序问题进行了阐述,认为官僚、政客和投票者的自利行为若没有制度的制约,将带来非理性与非效率的后果,"市场失败"就会让位于"政府失败",同时指出与完全竞争市场的假设不符,外部性属于市场失灵的范畴。20 世纪 70 年代以来,由于区域一体化进程加速、城市化进程加快以及环境污染的严峻形势等各种社会现实问题的频繁出现,学者们开始对作为市场机制所具有缺陷之一的外部性问题展开众多专门的研究与探讨,并逐渐构成"外部性理论"。

关于外部性理论与地方政府环境污染治理的关系,学者们有不同的看法。基于所有权的市场环境主义学派(以马歇尔和庇古为代表的福利经济学派、以科斯为代表的新制度学派)将自由市场和环境保护有机结合,认为解决外部性的核心问题是外部行为内在化,进而可通过排污权交易的许可证制度、排污收费制度、产权制度等市场手段促使个人与企业调整其各种经济行为,不断促使环境外部性内在化。以加尔布雷思、米山、鲍莫尔和奥茨等为代表的环境干预主义学派则认为市场机制存在缺陷,而环境污染又具有外部性特征,必须进行政府干预。因而,为了解决环境外部性问题,他们主张政府需要以行政命令与控制为主,同时辅以环境质量标准、市场的准入和退出规则等法律手段来约束危害环境的活动和行为。以埃莉诺·奥斯特罗姆为代表的自主治理学派认为,传统理论过分强调作为外部治理者政府的重要作用,而应重视作为资源利用者的自组织治理模式,更突出强调社会公众在某些现实情形下能够为了实现集体利益而自发地选择集体行动,这为治理公共资源(如环境资源等)提供了第三条道路。

总之,环境污染具有显著的外部性特征,从当前我国环境污染治理的现状来看,由于晋升激励的约束和唯"GDP为中心的"政绩考核体系的双重作用,地方政府难免出现官员行为的短期化问题,以经济建设为中心,导致地方政府的恶性竞争、地方保护主义现象频发,生态资源浪费和环境破坏严重。与此同时,由于生态资源的有限性和环境污染的外溢性,地方政府重视经济发展而忽视环境保护的行为会直接或间接地对相邻区域的自然环境产生损害,使得区域生态环境持续恶化及环境污染形势加剧,更不利于实现经济的可持续性发展。因此,中央政府、各地方政府必须要认识到环境保护的紧迫性,了解与掌握环境污染的根本原因,综合运用政府手段、市场机制等各种手段来进行环境治理、干预环境污染行为。

2.1.2 跨界治理理论

伴随区域一体化快速发展、社会管理复杂性日益增强等因素,公共管理者在处理大量跨区域、跨部门的公共问题时面临着很大的挑战。与此同时,由于以往单一领域权威逐渐表现出协调乏力、科层制专业分工管理模式存在的弊端日趋明显,以及新公共管理所主张的市场模式具有的缺陷不断显现,各国家为了适应新形势下公共事务治理的需要而不断尝试探索新的理论范式。20世纪90年代以来,后新公共管理运动中产生了一批新理论,比如协作治理、整体性治理、网络化治理等,并在实践中开创英国的协同政府、澳大利亚的整体政府、加拿大的横向治理和美国的协作治理等改革模式。虽然这些治理模式都有其自身特点和关注的重点,但核心思想都是突破固有权力结构或关系安排,打破界域壁垒,强调整合与协调,主张"跨界"合作。然而,跨界治理的范畴是这些"治理类"概念的集合,主要是从不同治理主体间跨区域、跨组织、跨部门等多维度诠释治理的内核所向。跨界治理是指两个及以上的治理主体为实现公共利益和公共价值,寻求多方利益最大化,继而跨越(组织)部门、(行政)层级、(公私)领域、原有(地理)区域的限制,共同参与和联合治理,综合运用协商沟通、协作行动等方式,将利益相关方的资源进行聚合,以合作共赢为中心来构建一套整体协作的跨界治理体系,以此形成一种以协商、信任、整合、共享的治理文化为基础的新公共理论。跨界治理理论主要有三个要点:一是强调跨界性,合作关系不再受传统边界的约束;二是注重问题导向,多主体共同解决单一主体不足以应对的问题;三是着眼于资源共享,多主体为达到共同目标而共享彼此的信息、资源及行动。跨界治理的类型主要包括如下三种治理模式:

(1)跨政府组织的整体性治理

20 世纪末,起源于西方国家“整体政府”变革实践的整体性治理的理论,注重充分利用各组织间的整合化的形式来达到合理配置各种资源与有效提供公共服务的重要目的。同样的道理,跨政府组织间的整体性治理是指两个及以上的政府组织为处理复杂公共问题,必须基于整体性思想通过合作才能实现有效治理。跨政府组织具有两层含义:第一是不同行政区政府的各同级政府间、各上下级政府间的合作治理;第二是同一政府内部的各同级政府间、各上下级政府间的合作治理。跨政府组织的整体性治理正是契合“整体”理念的统筹举措,以区域整体价值为治理的基础,围绕公共问题,打造超越组织限制、业务流程衔接的“无边界治理模式”,追求政府整体治理效果的最优化。当前,由于社会事务管理的日益复杂以及政府组织碎片化管理等,现代政府组织在组织职能分化和专业化背景下都面临棘手的公共问题。当单一治理主体存在治理能力不足、各种资源短缺等问题时,政府组织就会探索跨组织的合作治理。在此背景下,为了有效解决这些公共问题,政府能采取的最好的解决方式就是运用跨政府组织整体性治理加以整合,实现治理主体的协调合作及多元化。众所周知,传统行政区治理模式在处理公共问题时以唯一的行政区政府作为权威治理主体。然而,与传统公共管理相比,跨政府组织整体性治理是指行政区政府间及其内部的各职能部门间的合作,旨在打通政府组织间的合作壁垒,构建流程无缝隙、协作无阻碍的整体政府模式,重点是为了解决公众最关心的公共问题而进行合作,注重政府组织间的协调,以此提高解决公共问题的效率和水平。

(2)跨公私领域的合作治理模式

随着公共财政状况的日益恶化、公共服务供给的严重短缺以及政府组织管理的低效散漫等问题的不断出现,西方发达国家开始实施政府变革,特别是对政府干预模式、行政权力的行使边界等进行重新界定。正如 Barnes 所预言的:为实现跨区域事务的有效治理,跨越行政管辖权力的边界就非常重要,这就要求各公共管理者必须具备沟通、协商及协调等关键技能,因为在他看来,多数组织形式在未来将是协作的混合体,组织边界更加具有一种渗透性,即政府公共部门与其他行政辖区、私人部门和非营利性部门间的沟通联系就会日益密切。在此形势下,跨公私领域的合作治理模式便随之产生,其在实施过程中跨越公私部门等组织间的界限来综合发挥各方具有的优势,有效满足社会公众对公共服务的多元化需求。当前国内外学者对主要有两种认识:第一种是公私部门等组织中两个及以上组织间所选择的一种主动性的联合治理,其目的在于集聚各种资源,探索共同解决问题的协同途径;第二种是两个及以上不同属性的组织中任何一方无法单独实现公共服务供给时所选择的合作行动。由此可见,国内外学者虽然对跨公私领域的合作治理模式存在两种不同的认识,但是其核心思想均是尝试突破公共服务政府供给唯一主体的局面,形成政府组织、非营利性组织和私营组织等各供给主体的多种渠道的供给机制。于是,为提升公共服务的供给质量,政府、非营利组织和私营企业必须构建跨公私领域的合作治理关系,全面发挥任一组织所具有的各种优势来满足社会公众对公共服务的多种需求。

(3)跨地域的协同治理模式

西德著名物理学家赫尔曼·哈肯(Hermann Haken)认为,协同是指系统内各组成部分间由协调而形成的整体效应。1971 年,他提出“协同学”,并将其定义为协同与合作,是指系统在各种外部因素推动下以自组织形式构建一种井然有序的和谐状态。但是要注意到,系统中各个要素的集聚并不是单纯相加,而是通过一种有目的的行为来推动彼此互相协调,达到整体效用高于各部分功能总和的效果。治理理论是统治方式的一种新发展,其中的公私部门间及公私部门各自的内部界线均趋于模糊,其治理核心在于所偏重的统治机制,而并不是依靠政府的权威或制裁。协同治理理论是一门将协同理论与治理理论相互交叉与互相结合的新兴理论。当前协同治理是指多元化的治理主体为解决公共问题而构建的资源共享、整体优化与共同行动的治理手段,具有主体的多样化、行为的协调性以及策略的互动性等。跨地域的协同治理模式是指各不同行政区政府为有效解决跨行政区的公共问题而进行协调合作。伴随工业社会的加速来临、跨区域间联系的日渐频繁以及单个行政区的公共问题越过界线而日益外部化等,传统型行政区域治理模式已经无法有效应对公共问题的跨界治理。这是因为以行政区为中心的传统治理模式在诸多管理实践中更多表现为:政府凭借其高度集中的行政权力来治理各种社会公共问题,而各种其他组织、社会公众等作为治理子系统无法分享公共问题的治理权力,只能被动地服从政府的权威,更无法获得协作增效的治理效果。在此背景下,将协同治理理论引入到跨地域的公共问题治理中就显得至关重要。跨地域的协同治理组织模式倡导,在各种公共问题治理中不能纯粹依靠政府的权威,还要依赖私营企业等多元主体,主张各主体间通过协商谈判等方式来处理跨界的公共问题,最终实现并获得整体利益的最大化。

2.1.3 公共物品理论

1954 年,保罗·萨缪尔森(Paul Samuelson)在《公共支出的纯理论》一文中给出公共物品的定义:公共物品是指每个人消费这种物品而不会减少其他人消费该种物品的物品。与公共物品相对应的私人物品是指一种能分割为若干个部分并根据竞争价格属于不同的个人,并且对其他人没有造成外部影响的物品。按照萨缪尔森所给出的定义:公共物品具有消费的非竞争性(Non-rivalness)与受益的非排他性(Non-excludability)这两个最基本的特征。萨缪尔森提出公共物品的概念以来,很多学者对公共物品的概念进行了深入研究与发展。1959 年,理查德·阿贝尔·马斯格雷夫(Richard Abel Musgrave)在《公共财政理论》中指出公共物品具有非排他性特征,使其与非竞争性共同作为对公共物品进行界定的最基本的两项标准。随后,他认为所谓公共物品是指非竞争性消费的物品,通常具有消费上的非排他性。1965 年,美国经济学家布坎南(Buchanan)较早拓展了公共物品概念,指出公共范围是有限的[21],即某些物品的公共性范围只覆盖了规模有限的人群,而他称这类介于公共物品和私人物品之间的物品为俱乐部物品,也可称作准公共物品,具有局部的排他性和有限的非竞争性这两个主要的消费特性。1971 年,美国学者奥斯特罗姆夫妇(Vincent Ostrom & Elinor Ostrom)强调某些物品的共用性,即个人使用一项物品并不会阻止其他人使用,即使物品被某些人使用,其他人依然可以使用,且物品数量不少、品质不变,比如天气预报,进而将所有物品分为私人物品、公共资源、收费物品和公共物品。1999 年,E. S. 萨瓦斯(E. S. Savas)借助二维坐标方式,并基于一种物品是否拥有竞争性质和排他性质的特征,将全部物品分为四种类型:第一种为共用型资源;第二种为个人型物品;第三种为可收费型物品;第四种为集体型物品,而此种划分拓展了萨缪尔森对公共物品的简单分类,最终构建公共物品与私人物品间较为完善的关于物品的分类谱系。

上述文献表明,不同学者在公共物品的界定标准上有着明显的分歧,由此所引申的含义更是截然不同。但是,公共物品理论作为公共经济学理论的重要支柱,其概念不仅是对公共物品本质特性的高度凝练,而且能解释实践。按照微观经济学理论,社会物品主要分为两种:第一种为私人物品,是指那些具有竞争特性及排他特性的物品;第二种为公共物品,是指为适应社会生活、满足公共需求、实现公共利益、不能由私营企业向市场提供,而必须由公共部门向市场提供具有非竞争性和非排他性特征的物品。公共物品的本质特性导致公共物品在使用过程中很容易产生“搭便车”和“公地悲剧”问题。正如奥斯特罗姆认为,政府组织等主体在处理公共事务中所遭遇的“囚徒困境”“公地悲剧”以及“合成谬误”这三大难题,从本质上来看其都是“搭便车”的问题。如果所有参与人都选择“搭便车”的行为,就不会创造出集体利益,导致公共物品的供给不足、全体成员的利益受损;如果一部分参与人选择供应集体物品,而另一部分参与人实施“搭便车”的策略,就无法实现集体物品的最优供给水平。

环境资源及其所提供的生态服务属于特殊的公共物品,其质量改善能使所有人受益,具有共同消费的非竞争性和非排他性特点。正因为如此,生态环境治理问题才成为当前我国政府与社会公众面临的重要公共问题之一,因为它关系到我国政府的生态文明建设,更涉及我国社会经济发展中各主体的利益,再加上“搭便车”行为普遍存在,常常出现环境资源过度使用现象,最终导致环境资源短缺、生态环境受到破坏、全体用户的利益受损的“公地悲剧”。但是,地区间为了合作治理环境污染,必须要理顺各区域间的政府关系、生态和利益关系,还应积极构建利益补偿机制等,逐渐形成区域间政府在公共物品供给方面的长效合作机制,可有效保护生态环境,避免生态环境利用中的“公地悲剧”,减少“搭便车”的现象。

2.1.4 公共治理理论

事实上,治理理论的思想和行动由来已久,如蓝志勇等认为的:历史上的统治活动都可被认为是治理。20 世纪 70 年代以来,西方发达国家的政府行为逐渐由统治向治理转变。伴随社会实践的丰富,“治理”概念也被提出。1989 年,世界银行在《撒哈拉以南非洲:从危机到可持续增长》报告中,首次使用了“治理危机”之后,学者们在研究世界各个国家的政治发展情况时便广泛使用“治理”一词,并赋予其更加丰富多样的内涵。1992 年,世界银行公布的年度报告《治理与发展》对“治理”概念做出全面阐述。此后,“治理”便成为行政学科、管理学科以及政治学科等诸多学科研究的焦点。公共治理理论就是在公共行政学中引入“治理”概念,并对其改造和发展而创建的一种新理论,标志着公共行政学进入新阶段。实际上,公共治理理论是在西方政治学家对新公共管理理论等的批判过程中逐渐兴起与发展起来的。公共治理理论主要是指研究如何制定、实施和评价公共政策的理论,其目的是提高公共政策的效率和效果,以满足社会的需求,而其核心是要明确政府的职责和权力,以确保公共政策的有效实施。

20 世纪 70 年代末以后,西方国家启动“重组公共部门”“重塑政府部门”等一系列新公共管理运动,其中比较典型的实践包括:撒切尔政府推动的“国家财政管理创新运动”、梅杰政府倡导的“公民宪章运动”,以及美国成立的“国家绩效评估委员会”等,试图重新界定政府的角色与作用以及正确认识政府间的关系等,同时旨在确立包括市场机制在内的公共管理的框架体系。20 世纪 80 年代中后期,新公共管理虽然有效解了决政府失灵问题,但却面临诸如唯经济价值至上、公平缺失问题以及市场垄断等市场失灵问题,而这些问题与人们越来越关注公共利益、社会正义与公正的现实不相符。由此,政治学家、政府官员开始认识到,国家与社会、政府与市场的二分为基础的新公共管理理论在管理实践中表现出的局限性,逐渐意识到完善公共管理不仅要考虑治理层面的问题,而且要解决政府与市场存在的失灵问题。在此政府改革背景下,公共治理理论应运而生。20 世纪 90 年代以来,公共治理理论被国际社会实践界和理论界所重视,逐渐对其赋予更加丰富的内容。1995 年,詹姆斯·罗西瑙作为治理理论的鼻祖在《没有政府的治理》中指出,治理就是一种主体未获得授权而有效发挥管理作用的机制。随后,诸多学者从不同的视角对公共治理理论的相关内容展开大量研究,以期其不断完善和丰富管理理论,并有效指导各种管理实践。

总而言之,公共治理理论是西方国家主动顺应外部环境的变革以及重新认识公共管理部门的格局,目的在于实现政府、市场和社会这三者间的有效协调、分工合作及良好互动,试图很好地解决政府和市场的失灵问题,以便在多元化政府组织模式和有限财政资源下保障公共利益,以及满足社会多样化公共需求。众人皆知,国家治理是由国家借助政治体系、经济体系及社会体系所组成的制度体系来实施的,且当代国家治理体系中的政府治理机制、市场治理机制及社会治理机制是其制度体系中最重要的组成部分。这三种类型的治理机制是公共治理理论的有机统一体,更是其研究的关键内容,但公共治理理论的顶层设计是国家治理,核心是市场治理,基础是社会治理。国家治理要实现平稳有序运转的关键点是:形成政府、市场与社会这三者间的有效互动,充分发挥其合力所创造的整体治理效应。正如陈庆云等所指出:公共治理理论试图解决的核心问题之一是:政府解决公共问题时突破政府本位思想来构建社会本位观念,促使政府管理转向社会治理,推动公共管理由唯一主体政府管理的局面走向政府、市场与社会这三大主体综合治理的局面。

公共治理理论与地方政府的环境污染治理。公共治理的关键是达成公共产品的有效供给,因而与公共治理理论的发展演进过程相伴的是公共产品供给模式的变迁过程(由早期的政府供给模式走向政府、市场与社会合作式的供给模式),而该过程就是以解决公共产品供给问题为中心的关于供给主体和供给方式的选择过程,但这种选择并不是纯粹排他性的选择过程,而是主动追求供给主体和方式的多样化、关系协调及合理配置。当前,作为一项社会公众受益的环境保护,在实施过程中要涉及社会的各个层次,具有社会性、广泛性和公共性特征,是一种非常典型的公共产品服务。如果没有优质的自然环境,人类生存将难以为继。由于环境问题的公共性、环境污染的外溢性以及社会主体的复杂性,环境治理问题一度成为困扰政府与社会的一个重要问题。然而,正如李克强同志所强调的:良好优质的生态环境是一种基本的公共产品,是我国政府必须保障并提供的公共服务,说明环境治理是政府的一个重要职能。随着市场规模的扩大以及污染物种类和总量的增加,以政府为单一主体的治理模式的弊端也逐渐显现,随着公私合作环境治理模式(Public Private Partnership,PPP)被认可,即政府与各种社会资本通过利益分享与风险共担展开合作治理生态环境,实现环境治理主体的多元化。

2.1.5 府际关系理论

(1)府际关系的内涵

20 世纪 30 年代,美国政府为解决经济危机问题,鼓励联邦政府、各个州政府舍弃过去分权治理的模式而敦促其选择密切合作模式,从而联合建立一种全新型的公共服务供给体系。此时,美国开始推行并实施罗斯福新政,改革以规则制度和组织结构为关键特征的"联邦主义"管理模式,全力推动并逐渐形成一种以崇尚各个层级主动参与治理和互动为核心思想的府际关系管理理论。伴随公共管理理论的发展,诸多学者开始关注并重视政府间关系研究。正如加拿大著名学者戴维·卡梅伦指出:由于政府间的磋商、交流以及合作的需求持续增长,各个国家间及各政府间,尤其是国家内部各政府间的界限正在逐渐模糊,使得其在提供公共服务方面表现出多方治理的倾向。1959 年,美国成立政府间关系咨询委员会(Advisory Commission on Intergovernmental Relations,ACIR),主要目的是解决政府间的问题、协调政府间的关系。府际关系(Intergovernmental Relations,IGR)理论,也就是政府间的关系理论,虽然源于 20 世纪 30 年代的美国,但 20 世纪 50 年代后学者们才逐渐重视其相关研究。1960 年,美国学者安德森(Anderson)最早提出了府际关系的定义:府际关系是指,各类政府机构在各种管理活动中所涉及的彼此间的庞杂关系。2006 年,美国公共行政学家代表之一的尼古拉斯·亨利(Nicholas Henry)认为,府际关系是指各政府间或者任一政府内各个部门间由政府行政关系、经济活动关系等关系构成一种繁杂关系。

当然我国学者结合本国的实际情况对府际关系理论作出符合实际的界定,赋予其以"中国式"的解读,使其更加符合我国的府际关系运作体系。经过多年的政府理论和实践的发展,国内学界从不同的学科背景、不同的研究角度对府际关系理论进行了大量研究,取得了丰富的研究成果。1998 年,林尚立出版的《国内政府间关系》中指出,府际关系就是政府间关系,主要是由央地政府间、地方各级政府间的纵向政府关系和各地区政府间的横向政府关系组成[35]。2000年，谢庆奎在其著作《中国政府的府际关系研究》中提出：府际关系是指各政府间在垂直和水平方向上由行政权力关系、利益相关关系、政府财政关系与公共行政关系所构成的一种纵横交错的繁杂关系，其中，利益相关关系是核心，其并决定其他三种关系。近年来，府际关系理论在发展中出现诸如斜向型的府际关系、十字型的府际关系模式以及网络型的府际关系等一些全新的理论与观点。总之，府际关系主要是由政府财政方面的关系、行政性权力关系等建立的一种纵横交叉的复杂关系，这既有中央政府与地方政府间、地方各级政府间的纵向关系，又有无行政隶属关系的各地区政府间的横向关系。良好的府际关系说明各政府间具有清晰的分工体系，更表明各政府间构建了有效的沟通体系。府际关系实际上是政府间的权力配置和利益分配的关系，对一国的政治建设、经济发展、社会管理有着重要作用，直接影响政府的稳定、政府治理的效率及效果。

（2）府际关系的管理发展过程

从政府间关系管理的发展过程来看，政府间关系的管理发展主要包括联邦主义、府际关系和府际管理三个阶段。布莱克维尔政治学的词典中表明：联邦主义（Federalism）倾向于受到宪法保护的中央政府与地方政府间、各机构间相互独立运作的权威关系及因分权治理而忽视其互动关系的行政模式。因此，“联邦主义”由于重视政府间存在的各种规则制度、行政结构、互相制约等特征，而无法应对 20 世纪 30 年代出现的世界性经济危机。这样，政府间关系就由“联邦主义”转向“府际关系”。但是，随着传统的社会结构急剧变化、联邦政府财政状况的恶化以及社会需求的供给不足等问题的出现，政府无法独立有效地解决这些问题，就要借助市场机制、社会力量等进行处置。近年来，美国、德国等发达国家在国家治理变革中实施以合作互惠为重要基础的跨区域和跨部门的府际管理模式，继而取代过去的政府间关系模式。随后，府际管理作为政府结构革新再造的重要产物，逐渐成为一种全新的公共行政管理模式，其目的在于以公共问题解决为导向，通过谈判、协商等手段协调政府间关系来完成公共政策所要达到的目标。

20 世纪 90 年代以来,治理理论开始在西方发达国家兴起并不断发展,重视政府部门与社会部门间、政府公共部门与社会私人部门间的协作互动关系。随着分权改革与市场变革的持续推进,西方发达国家在国家治理过程中逐渐形成一种国家各层级政府间、政府部门与私人部门间及其他非政府组织间的全新互动关系模式。在此背景下,府际管理理论的研究不断发展与深入,进而演变出与传统型府际关系和竞争型府际关系理念不同的府际治理理论。府际治理作为现代府际关系问题研究的焦点与最新趋势,是在府际管理理论的基础上提出的,突破以往传统型区域层级治理观念,强调通过政府部门、公私部门与公民社会部门共同形成多元主体的新型治理模式,同时借助不同领域各种资源的开放、配置和合作来实现公共利益。因此,府际治理是政府进行再造与革新的重要成果,强调利用多元化主体间的互动协作来有效解决公共问题,具有如下关键特征:府际治理在实践中以公共问题解决为重要的行动导向;府际治理中政府与政府的关系是一种可依赖的伙伴关系而非竞争关系;府际治理注重政府间的沟通和协作、各种信息的共享等;府际治理重视并构建公私部门的共同治理模式,主张公民、社会部门主动参与决策。

(3)府际关系的表现形式

府际关系就是政府间关系,主要表现为中央政府与地方政府间、有隶属关系的上下级地方政府间存在的一种纵向的政府关系,以及无隶属关系的各个同一级别的地方政府间存在的一种横向的政府关系。20 世纪 80 年代以来,随着经济市场化、区域一体化和分权化改革的持续推动,地方政府的关系问题已经成为各个国家进行行政变革的重点关注领域。所谓的地方政府间关系是指,各地方政府出于公共政策的顺利执行或者公共服务的高效提供而由利益关系、经济关系等构成的一种互动关系。这种互动机制不仅对地方的政治进步、经济增长和文化发展产生重要影响,而且对社会的和谐、有序与进步起关键的推动作用。当前社会公众运用“上有政策、下有对策”来生动描述中央政府与地方政府间、上下级的地方政府间存在的纵向博弈关系的表现形式,并且政府间的纵向体系接近于“命令—服从”的等级式权威结构。但是,同级别的地方政府间的竞争与合作则是地方政府间存在的横向博弈关系的表现形式,所以,政府间的横向关系则是一种竞争和协作共存的权力对等体系,其表现形式为两大类:一是共同利益的协调合作;二是利益冲突的竞争。因此,研究地方政府间的横向关系必然要关注并探讨各地方政府间存在的“竞争”与“合作”这两种关键状态。

当前各地方政府间的竞争是世界范围内的一种广泛现象,更是当代我国府际关系问题研究中的核心内容。20 世纪 90 年代以来,由于我国政府连续推动行政分权与财税体制的变革,地方政府逐渐演变为独立的利益主体,拥有单独编制地方发展规划与配置各种资源等一系列行政决策权力,这就为各地方政府间的竞争创造了有利的制度条件。地方政府间的竞争集中表现为两种:一种是经济资源的竞争;另一种是政治机会旳竞争。地方政府对经济资源的竞争表现在招商引资、引进国家项目、争取财政转移支付,以及其他各方面的政策优惠和资金支持等方面,其目的是发展地方经济并使地方政府从中获益,而政治机会的竞争则是地方政府官员,特别是地方政府主要领导在政治升迁方面的竞争。在此情况下,我国特定的考评体制决定了地方政府官员通常通过经济竞争和上级评价来实现政治晋升。然而,近年来,多中心治理理论、区域发展相互依赖理论、区域经济发展理论等为地方政府间选择合作提供坚实的理论基础。与此同时,由于环境保护和经济持续发展等政策问题,各地方政府间亟须通过加强合作来整合资源和行动,以发挥综合作用,提升地方竞争力,特别是随着经济一体化和区域经济合作的加强,各地区间存在着更多的共同利益诉求,为地方政府间的合作提供了实践基础。地方政府作为相对独立的经济实体,具有各自不同的优势与劣势,可以优势互补,促进共同发展。提供跨区域的公共服务是地方政府横向合作的目的之一。公共问题的复杂性、外溢性是地方政府合作的基础,而协作提供公共服务的规模效应、互补效应则为各地方政府间合作提供可行性。各地方政府间通过协作来实现各自公共利益诉求。

2.1.6 最优控制理论

随着空间科学技术的迅速发展与进步,现代控制理论得到了非常迅速的发展,而最优控制理论(optimal control theory)就是20世纪60年代得到快速发展的现代控制理论的一个较为重要的组成部分,重点探究各控制系统的性能参数能够实现最优化的基本条件,并且从可选择的方案中确定最优解的一门重要学科。1948年,诺伯特·维纳(Norbert Wiener)等学者在《控制论——关于动物和机器中控制与通信的科学》中首次提出反馈、信息以及控制等重要概念,从而为最优控制理论的提出和进一步发展奠定非常重要的基础。1954年,我国著名的学者钱学森出版了《工程控制论》一书,直接推动了最优控制理论的形成与迅速发展。1958年苏联学者庞特里亚金提出的"极大值原理"以及1965年美国学者贝尔曼提出的"动态规划理论",对最优控制理论的发展与形成起到了关键作用,尤其是开辟并创造了求解最优控制问题的新途径。

从实质上来看,作为现代控制理论中最重要也是最基本构成部分的最优控制(也可称作为动态优化)理论研究的核心问题是:在保证满足一定约束条件的情况下,依据受到控制系统本身所具有的动态特征,重点探讨如何得到最优的控制方案,从而可保证控制系统遵循一定的技术条件,进行有效地运转,继而获得受到约束条件所限制的目标函数的最优结果,也就是说,最优控制理论的研究对象是一个受到控制的动力系统或者某种运动过程,从各种可能的控制方案中找出一个最优的控制方案,使得系统运动可由初始状态逐渐转移到符合某要求的目标状态,并且保证所规定的参数指够达到最优(最小或大)值的状态。

为了合理地解决最优控制问题,可清晰刻画受控过程的运动方程必须被构造,同时合理地规定控制变量取值的允许范围、受控运动过程的初始与目标状态以及评价运动过程性能优劣的指标。通常情况下,受控运动过程的参数指标的品质主要取决于所选取的控制函数及其对应的运动状态。注意到,受控系统的运动状态主要受到运动方程的制约,而控制函数只能在允许的范围内进行选取。因而,最优控制的求解问题可描述为:探讨并求出以控制函数和运动状态为重要变量的参数指标的目标函数在运动方程与取值控制范围制约下的极大值或者极小值。目前求解最优控制问题的方法主要有如下三种:古典变分法,主要研究在控制变量取值范围无约束情况下对泛函数求出极值的数学方法,但控制函数的取值范围在现实控制问题中往往受到封闭性质的边界限制,使得其运用范围受到很大的限制;极大值原理,主要可求出在受到控制变量约束情况下最优控制问题所满足的限制条件;动态规划,主要是可运用计算机求解在受到控制变量限制条件下最优控制问题的有效方法。总之,最优控制问题的求解依靠最优化技术,而最优化技术就是探索和解决最优化问题的一门重要学科,主要探寻如何从全部可能的方案中寻找到最优方案。因此,最优化技术在解决最优控制问题时必须重视如何将最优化问题描述为数学模型,以及根据数学模型如何得到最优解这两个最重要的问题。一般情况下,运用最优化方法来解决实际问题时主要有如下三个步骤:①根据要解决的实际问题提出最优化问题并构建相应的数学模型,确定状态变量及控制变量,构造目标函数并罗列出各种约束条件;②分析和研究所构建的数学模型,并选取适当的最优化方法;③根据选择的最优化方法求出最优解,并对其进行相应的评价。

2.1.7 政府规制理论

政府规制或政府管制,源于英文 regulation,不同译者依据侧重点不同给出不同的译法。政府规制理论产生于20世纪60至70年代的美国,研究对象是行政对市场和社会的规制。其主要内容概述如下:

(1)规制的概念界定

研究者把规制(Regulation)也可称作政府规制(Government Regulation),是指主体间在交换中所要遵循的一些非正式或者正式的规则制度,主要是指政府机构针对市场面临的失灵问题所制定的政策措施。1988 年,约瑟夫·斯蒂格利茨(Joseph Stiglitz)指出,市场失灵的原因表现在微观与宏观经济两个层面。从广义的研究范围来看,政府的规制主要包含两个层面:微观层面和宏观层面。宏观调控是指一个国家或地区在发展市场经济的条件下针对宏观经济问题所制定的一系列干预措施,而微观规制则是指国家或地区针对微观经济问题所制定的某些干预政策。但是,理论界一般情况下在界定市场失灵的研究范畴时还没有纳入宏观经济中出现的问题。从狭义的研究视角来看,规制仅指政府或者地区为了实现某特定目的,针对微观经济主体专门设定的某些干预手段。Magill 通过研究认为,规制属于政府制定的公共政策的一种具体形式,即通过设立不属于政府直接所有的职能部门来管理具体的经济活动,重点是通过立法等形式,而不是借助于毫无约束力的市场力量,有效协调现代产业经济发展中出现的冲突。闫杰通过研究指出,针对市场经济中出现的一些失灵问题,政府会依靠国家强制权直接干预微观经济主体的各种经济行为,以期实现社会福利的最大化。

(2)规制的内容和手段

规制的内容可分为如下类型:一是准入规制,针对微观经济主体进入某些特定部门或者行业,政府制定相应的规制政策,旨在推动其依法经营、接受监督,或是控制其进入某些特定行业,诸如现行的注册登记制度、申请审批制度或者特许经营制度等。二是价格规制,主要是指政府部门规定产品或者服务的价格,重点针对特殊农产品、矿产品等生产性行业。三是数量规制,政府限制供应产品的数量,旨在保证商品和服务的质量。此外,政府规制在现代市场经济的条件下还涉及统计规制、社会保障规制等内容。

关于规制的手段,王俊豪通过研究认为,现代规制经济学将规制分为三类:一是经济性规制,重点针对那些存在自然垄断或者信息严重不对称较严重的经济领域,通常以电力、石油等重点产业作为其研究对象。二是社会性规制,围绕卫生健康、环境保护等重点领域，预设一些具体的社会目标来实施某些规制措施。三是反垄断性规制，主要是针对那些具有一定垄断性的行业企业，尤其是经济活动中的垄断行为，旨在维护公平竞争，保障市场竞争机制的有效性。日本经济学家植草益研究认为微观经济领域的“公共规制”行为主要分为三大类：第一类是政府或地区为了实现公共物供给的重要目的而制定的公共供给政策；第二类是针对解决市场失灵问题并借助货币或者非货币的手段来引导各个经济主体行为而制定的公共引导政策；第三类是针对自然垄断问题、外部不经济问题等失灵问题，借助特定的法律来限制各个经济主体行为而制定的公共规制政策。美国经济学家史普博通过研究将规制的类型分三类：第一类，借助诸如产权规制、价格规制、合同规制等手段直接干预市场配置的规制。第二类，借助税收、补贴等手段影响消费者行为的一些特定的规制制度，诸如针对汽车尾气排放的限制、购买保险的一些约束等。第三类，重点通过对一些企业生产经营活动施加影响的规制，例如环境规制中的投入约束、产出约束及技术约定等。

(3) 政府规制理论的变迁

随着市场经济由古典类型向现代类型的转变，政府规制日趋重要，迄今经历了规制——放松规制——再规制与放松规制并存的动态演进过程，而社会性规制则呈现持续加强的态势。在这一背景下，原先散见于微观经济学和产业组织理论中的政府规制理论在20世纪70年代逐渐系统化并分离出来，发展为一门独立的学科——规制经济学，并成为当代西方经济学的一个重要分支，并与“产业组织的相关领域”一起成为应用微观经济学最重要的领域之一。目前已经历公共利益规制理论、利益集团规制理论、激励性规制理论、规制框架下的竞争理论四大理论变迁。

1) 公共利益规制理论

20世纪70年代，市场失灵和对政府的矫正是政府规制理论研究的主题。在此背景下，芝加哥学派提出公共利益规制理论。一直以来，公共利益理论作为政府规制理论的重要理论依据,同时是政府规制理论发展的逻辑起点。公共利益规制理论的基础是福利经济学和市场失灵理论,其中市场失灵是政府规制活动的动因。公共利益理论认为,政府作为公共利益的代表,应保护经济人利益,提供规制以矫正不公平和低效率的市场活动,以提高社会整体福利水平。公共利益理论包含两个方面,即对市场失灵的认定和探索矫正市场失灵的途径。对市场失灵的认定,即垄断、外部影响、公共物品和不完全信息等市场失灵现象导致市场运行低效率,从而使政府规制的出现成为必要。针对市场失灵现象,如对外部经济进行补贴,对垄断行业实施价格或进入限制,这些规制措施有利于提升市场失灵导致的低效率。总之,市场机制失灵的领域,政府规制在理论上会提高资源配置效率和整体社会福利水平。

2)规制俘虏理论

一直以来,公共利益理论受到质疑和批判,同时,一些研究者在质疑和批判中发现,政府规制往往倾向于维护生产者利益,规制实践常常是提高厂商的利润率。在对这些规制实践的观察中产生了规制俘虏理论,该理论认为,政府规制最初的发动者是产业组织,而不是政府。产业组织,尤其是规模较大的产业组织,往往能为政治集团提供更有效的支持,并且有为取得政治支持花费资源的能力。产业组织对规制的需求促使政府规制的产生,或政府规制机构逐渐被产业组织控制,规制机构和产业组织双方谋求各自利益的最大化。

3)放松规制理论

由于政府规制失灵现象日益明显和对规制理论研究的深入,政府规制理论研究领域出现新的研究趋势——放松规制,并形成新的理论流派:放松规制理论。该理论出现于20世纪70年代的经济性领域,规制失灵和可竞争市场是其主要的理论依据。政府行政人员具有追求个人利益最大化的动机,不代表或者不完全代表社会公共利益。另外,规制成本的膨胀、信息不透明等,导致规制失灵。可竞争市场是一种有效配置资源的市场类型,在市场的竞争力作用下,参与者的积极性和主动性被充分发挥,资源实现了最优配置。市场和政府的边界究竟如何确定,成为放松规制理论研究的难题。

4)激励性规制理论

对上述规制理论各自存在的问题的探索,尤其是放松规制理论研究的推动,以及规制实践中激励问题的出现,这些因素促使20世纪90年代的激励性规制理论的产生。激励性规制理论的内容是:规制主体通过规制政策,如税收优惠和成本补偿等,正面诱导经济主体提高生产经营效率,利用产业政策保持行业内潜在竞争压力,促使经济主体主动降低生产经营成本,提高效率。激励性规制在实践过程中需保证规制客体有一定的自主权,规制主体在一定程度上掌握规制客体的信息,并明确规制政策实施的目标,这样,规制政策才能促使规制客体发挥自身优势,在更大范围内增加社会福利。

(4)规制理论发展演变的内在逻辑

1)规制目标

规制目标是所有规制理论发展的前提和基础,也是规制政策设计的最终落脚点和最终价值。在西方规制理论中,公共利益理论和规制俘虏理论在规制目标上分析比较深入。公共利益理论成立的前提假定条件有三个:市场失灵、政府是公共利益的代表、政府能够实现社会公共利益最大化,在此假定下,规制目标明确:克服市场失灵,实现社会公共利益最大化。这也与公众对政府的期望相符,该理论在20世纪70年代处于主流地位。随着社会实践的发展,公共利益理论的效果和理论并不完全一致,尤其是政府并不仅仅代表公共利益,而是具有自身利益。这就促使学界重新思考规制的目标及其如何实现,出现了规制俘虏理论、规制经济理论等,从产业利润和资源效率等方面提出新的规制目标。

2)规制对象

在明确规制目标基础上,另一个重点问题就是对谁进行规制,即规制对象的分析。根据西方规制理论的演变过程,规制对象在不同时期也是一个演变的过程,具体的目标从垄断者到规制者,规制的工具也由以惩罚为主转变为以激励为主。具体来讲,公共利益规制理论的规制对象主要是自然垄断和外部性问题,假定政府是公共利益的代表者,但在实践中政府更是一个“经济人”,而不是一个“无私人”,存在其自身利益。基于此,政府作为规制者则可能被规制对象所俘虏,于是出现了规制俘虏理论。

3)如何规制

这是规制理论的第三个重心:规制的路径和政策设计问题。在明确规制目标和规制对象基础上,如何规制、采用什么手段和路径进行规制则是规制实践的执行问题,直接关系到规制目标能否实现。不同的理论流派制定了不同的规制措施,从西方规制理论的发展过程来看,其主要表现为两个方面:一是在规制手段上,由原来的惩罚为主转向以正面引导激励为主;二是在政策设计上,随着相关理论的发展,规制政策设计在日益科学化和完善化的前提下,也日益复杂。虽然其在假设条件上更符合现实,但过于复杂的机制设计严重制约了其在实践中的应用。

2.1.8 机制设计理论

机制设计理论出自美国著名经济学家里奥尼德·赫维茨(Leonid Hurmicz)在1960年发表的一篇文章,但当时该理论并没有被广泛应用,直到赫维茨提出激励相容的概念,机制设计理论才得到广泛运用。2007年,诺贝尔经济学奖授予三位美国经济学家赫维茨埃、里克·马斯金(Eric Maskin)和罗杰·迈尔森(Roger Myerson),以表彰他们在创立和发展“机制设计理论”方面所作出的杰出贡献。其中,赫维茨最早提出机制设计理论,被誉为“机制设计理论之父”。机制设计理论是最近二十年微观经济领域发展最快的一个分支,在实际经济中具有较大的应用空间。机制设计理论已经深深地影响现代经济学中的许多领域,如规制经济学、拍卖理论、信息经济学、公共经济学等。在实际中,机制设计理论有助于甄别市场机制有效性的条件和经济政策机制的好坏,以及确定最有效的资源分配方式,特别是在最优拍卖、规制和社会选择方面取得显著的成绩。

按照系统论的观点,机制就是保证系统运动有序的程序和力量的总和。所谓机制,是系统内部各子系统和各要素之间相互作用、相互联系、相互制约的形式及其运动原理和内在的、本质的工作方式。因此,机制设计的目的是提高激励与约束的效益,并使之长期一贯地作用于被管理者的思想,用激励和约束这一特定纽带将系统内各子系统、各要素联系起来,使其按照一定规律运转。机制设计是指在自由选择、自愿交换、信息不完全及分散决策的条件下,设计一套机制或制度来达到既定目标,并且能够比较和判断一个机制的优劣性。机制设计的目标是当那些有价值的信息分散于经济社会中的各个决策主体时,如何制定机制来实现社会资源的有效配置。机制的形成有两种基本类型:第一种是行为主体在相互博弈中自发形成的;第二种是在经济主体相互博弈的基础上由第三者设计的。激励相容原则在第一类机制形成中是自然的贯彻,激励相容的关键是第二类机制的形成,因为在这类机制形成中,第三者设计机制时很可能陷入信息不对称的圈套,而使设计的目的与机制需求者的目的发生偏离。因此,机制设计必须清楚机制需求者的行为基础及其模式。现实中的公司治理机制主要表现为设计的属性。因此,贯彻激励相容原则尤为重要。

经济学上的机制设计主要围绕资源配置展开。机制设计的前提是弄清配置的资源,机制设计解决的主要问题是将资源配置给谁和如何实现资源的优化配置。经济学上的机制设计可以分为两类:第一类称为最优机制,即机制的目标是最大化委托人的预期收益,罗杰·迈尔森(Roger Myerson)于 1981 年发表的"最优拍卖设计"是这方面的基础工作;第二类称为效率机制,即设计者的目标不是个人收益最大化,而是整体社会的效率最优,被广泛地运用于垄断性定价、最优税收、公共经济学以及拍卖理论等诸多领域。管理机制设计是指通过构造管理机制的过程。管理的实质就是管理客体在管理机制下向管理者所预定的目标运动。由于被管理者有不同的效用偏好,管理者只有使自己提供满足这些偏好的补偿,并且管理者指定的目标成为被管理者得到所追求的回报条件,被管理者才会向管理者所期望的目标或方向努力,这就是机制设计中的"需求机制原理"。机制设计理论研究核心是如何在信息分散和信息不对称的条件下设计激励相容的机制,实现资源的有效配置。机制设计理论包含激励相容、显示原理和实施理论等内容,但激励相容的概念贯穿整个机制设计理念。

(1)激励相容

利奥尼德·赫维茨提出激励相容的概念:如果每个参与者真实报告其私人信息是占优策略,那么这个机制是激励相容的。这意味着委托人必须给予说真话的代理人一定的激励补偿。在现代激励理论中,激励相容约束和参与约束已成为激励机制设计的核心问题。同时施加一个参与约束:没有人因参与这个机制而使其境况变坏。在弱假设下,赫维茨证明如下相反的结论:在一个标准的交换经济中,满足参与约束条件的激励相容机制不能产生帕累托最优结果。换言之,私人信息无法达到完全有效。因此,在制度或规则的设计者不了解所有个人信息的情况下,设计者所要掌握的一个基本原则,就是所制定的机制能够给每个参与者一个激励,使参与者在最大化个人利益的同时达到所制定的目标,这就是机制设计理论中最为重要的激励相容问题。

(2)显示原理

赫维茨构建的机制设计理论框架可能存在也可能不存在。在存在的情况下,也许有很多能够实现目标的机制,进而如何寻找最优机制成为关键问题。此问题直到显示原理提出,才得以彻底解决。吉巴提出的显示原理认为,一个社会选择规则如果能够被一个特定机制的博弈均衡实现,那么它就是激励相容的,即能通过一个直接机制实现。根据显示原理,人们在寻求可能的最优机制时,可以通过直接机制简化问题,大大减少机制设计的复杂性。显示原理自提出后就得到许多学者的广泛发展和应用,其中,迈尔森和马斯金的贡献尤为突出。迈尔森证明了显示原理的重大作用。显示原理不仅在代理人拥有私人信息时有效,而且在他们采取不可观察的行动时有效,并将该原理运用于最优拍卖设计。马斯金等阐述和证明贝叶斯机制下的显示原理。显示原理是机制设计理论发展过程中的重要创新,简化机制设计的复杂性,已成为机制设计和激励理论的最基本理论。

(3)实施理论

激励相容保证讲真话是一种均衡,但并不能保证它是唯一均衡。许多机制都产生了不同结果的多重均衡,其中一些导致次优结果,例如社会选择理论也难摆脱多重均衡问题。从许多候选人中选出一个人的投票者,实际上面临着合作问题。将票投给几乎没机会赢的人意味着"浪费选票"。相应地,如果选举时大家都认为某位候选人没有机会获胜,那这可能成为自我实现的预期。这种现象容易产生多重均衡,其中一些导致次优结果。鉴于这些困难,需要设计使所有的均衡结果对于给定目标函数都是最优机制,这就是众所周知的"执行问题"。Groves 和 Ledyard、赫维茨和 Schmeidler 认为,在某些情况下,构建使所有纳什均衡都是帕累托最优的机制是可能的。其实机制设计可被看作一个三阶段不完全信息博弈。第一阶段,委托人设计一种机制或称为博弈规则。根据这个规则,代理人发出信号,事先的信号决定配置结果。第二阶段,各代理人同时选择接受或不接受委托人设计的机制。如果代理人选择不接受,就可获得额外的保留效用。第三阶段,选择接受的代理人根据预定的规则进行博弈。显示原理告诉我们,如果一项社会选择规则能够通过一种特定机制的博弈均衡来付诸实施,那么其就是激励相容的,并且一定能够通过一种"直接机制"来付诸实施。

机制设计理论是近二十年微观经济领域中发展最快的一个分支,在实际经济中具有很广阔的应用空间。机制设计理论已经深深地影响了现代经济学中的许多领域,诸如规制经济学、拍卖理论、信息经济学、公共经济学等。在实际应用中,机制设计理论有助于甄别市场机制有效性的条件和经济政策机制的好坏,以及确定最有效的资源分配方式。特别是在最优拍卖、规制和社会选择方面取得了显著的成绩。

2.2 国内外研究综述

当前,作为环境治理主要实施者的政府,其面临如何合理配置财权与事权、环保投入能否满足环境治理的需要、运用非合作还是合作治理方式、环境政策工具的合理运用以及生态补偿机制等问题,而这些问题已经引起了国内外学者的广泛关注。近年来,国内外学者不断重视如何有效激发地方政府在环境污染治理中的主动性与积极性,规范与约束地方政府在环境污染治理中的行为,以及如何促使地方政府展开合作治理等,积极探讨如何促使其重视经济发展的同时注重环境保护工作,实现可持续发展与环境保护的双赢。然而,由于经济联系的日益密切、社会复杂性的持续增强以及错综复杂的跨界公共问题大量出现,国内外学者开始注意到:仅仅依靠单一地方政府进行治理是难以有效解决的,需要运用跨界治理的思维进行有效治理,进而研究如何构建政府、市场与社会间“平等协商、良性互动、各司其职、各尽其能”的多元主体共治局面问题。因此,本节主要从以下几个方面概述国内外学者在环境污染治理方面的研究成果。

2.2.1 关于非合作与合作治理问题研究综述

21世纪以来,随着区域一体化不断推进,区域公共事务的跨界性和复杂性日益增强,流域治理、空气污染治理、灾害应对、公共卫生事件应急管理等领域的府际合作渐成趋势。但是,由于污染物的扩散性,一个地区排放的污染物可能会对另一个地区的生态环境造成损害。然而,各地方政府由于缺乏合作意识和重视经济发展,一般只关心本辖区内的环境治理,而不关心超出行政边界的公共环境治理问题,这就容易造成“公地悲剧”。在此情形下,国内外学者开始关注跨界污染治理问题,从非合作与合作治理的视角对环境治理展开研究,主要成果体现在:探讨合作治理中的收益分配问题;研究合作治污成本的分摊问题;研究非合作与合作治理下的环境政策与社会最优水平问题;讨论国际环境协议(IEA)合作联盟的形成及其稳定性问题;探究地方政府间环境规制策略及影响因素问题。由此,本节将国内外学者在一种与多种污染物损害背景下关于各政府间选择非合作与合作治理的研究内容具体阐述如下:

(1)一种污染物损害背景下关于非合作与合作治理研究

1)一种污染物损害背景下关于非合作与合作治理的国外研究综述

国外学者基于整体(一种污染物)视角,考虑政府间通过非合作与合作方式来治理环境污染,已经进行了较多研究与分析。从实质上看,各地区间能够展开各种合作行为,其实是彼此间进行博弈的最终结果。基于此观点,Neumann等提出著名的非合作博弈与合作博弈理论,而 Nash 对此理论进行完善与拓展。随后,该理论经常被运用于阐释各地区选择的非合作与合作策略。Kaitala 等运用实证分析法分析苏联和法国的跨界污染治理问题,结果显示合作控制污染有利于法国,而对苏联不利,进而法国必须支付一定的补偿金,才能促使苏联参与合作。Long 构建两相邻国家间的跨界污染控制博弈模型,研究发现两相邻国家在开环纳什均衡情形下的污染物排放量高于合作情形下。Dockner 等分析两相邻国家间跨界污染控制的博弈问题,结果表明政府若运用线性战略,非合作治理将使各国家遭受损失,但采用非线性战略且折现率足够低,非合作治理也可能存在子博弈完美均衡。Halkos 建立欧洲酸雨治理的静态博弈模型,研究得出合作排污的去除水平高于非合作排污水平,且获得的全部合作效益也更高。Maler 等分析两相邻地区酸雨引起的跨界污染控制问题,并对比分析了合作和开环马尔可夫完美均衡策略,发现双方进行合作比非合作更有利。List 等探讨非对称博弈参与者间跨界污染的环境规制应该由中央政府还是地方政府执行的问题。Jorgensen 等利用微分博弈法探究相邻两个地区进行非合作与合作治理污染的最优控制策略与福利问题,分析得出非合作治理的福利明显低于合作的福利。

Fernandez 运用微分对策理论与方法来探讨国际贸易自由化与跨境环境污染现象间存在的关系,并利用实证分析法证明合作模式比非合作模式对博弈局中人具有更大的吸引力。Petrosjan 等构建各个国家间展开联合治污的动态博弈模型来计算与分析各种可能合作联盟的特征函数值,并运用 Shapley 值法来公平分配国家间展开合作的总治污成本。Bergin 等通过研究得出一些地区在区域环境合作治理中受到经济发展状况、环保政策差别以及污染治理技术差距等方面的差异影响,其取得的最终效益可能低于非合作治理情形。Yanase 构建国际污染控制的微分博弈模型,得出非合作博弈下的环境政策水平偏离社会最优水平,而排放税博弈下的均衡结果要劣于"命令-控制"博弈。Jorgensen 在一定假设条件下运用微分博弈理论分析非合作和合作治理情形下的污染控制问题,认为只有通过实施内部转移支付机制才能在地区间展开有效的合作治理。Bertinelli 等假定两个国家通过碳捕获而不是采用清洁生产技术来降低二氧化碳浓度的条件下,运用微分博弈方法研究两个国家间跨界污染治理问题,结果表明双方合作治理能够获得更多的社会福利。Nkuiya 研究环境污染复杂系统下国家间环境治理的动态博弈问题,结果发现各个国家对环境污染的威胁具有不同的反应。Benchekroun 等运用非零和动态博弈理论来研究预见性在跨界污染控制中的影响,得出所有国家都具有远见性时的收益高于其缺乏远见性时的收益,同时发现政府间展开合作的治污行为比单独治理行动更为重要。Biancardi 等探讨发达国家与发展中国家国际环境保护合作联盟的形成及其稳定性问题,研究得出非合作国家通过获得溢出效应,促进了稳定联盟的形成。De Frutos 等考虑用空间因素来构建地区间非合作与合作的跨界污染控制微分博弈模型,研究发现非合作框架下各地区在空间上的非短视行为由于能够带来较低的均衡排放速率,导致全球污染存量较低。然而,合作框架下地区间虽然不存在战略互动行为,但各地区的决策者仍然会作出空间战略决策。Jaakkola

等探讨具有预期突破技术条件下各国家间非合作与合作的控制气候变化政策制定问题,其研究表明:无碳 R&D 技术研发的国际溢出效应导致绿色研发的双重搭便车、战略性过度污染和投资不足,从而增加气候治理的难度。Xue Jian 等构建以促进就业为目标的区域大气污染合作控制的计量经济学模型,同时运用剩余成本最小节省法构建模型探讨区域间的合作利益分配问题。de Frutos 等研究具有空间结构关系的各地区在跨界污染控制中的空间效应和策略行为问题。Wang Qin 等构建广义纳什均衡博弈模型探讨区域大气污染的最优减排问题。

2)一种污染物损害背景下关于非合作与合作治理的国内研究综述

国内学者同样基于整体(一种污染物)的视角从非合作与合作治理角度对环境污染治理进行研究。孟卫军构造政府与双寡头间的三阶段研发——补贴博弈模型,探讨在征收排放税条件下非合作与合作减排研发的政府研发补贴政策,研究发现:政府补贴条件下的非合作研发产生的社会福利要低于合作研发产生的福利,且企业分别选择研发合作与非合作时获得的利润大小受到产业溢出率的影响。赖苹等运用微分博弈方法研究三个相邻区域分别构成自给自足型、两两联盟型、大联盟型情形下的最优污染控制策略,并将各种情况下的瞬时利润进行比较与分析。王奇等探讨两个地区具有的属性不同时选择非合作与合作情形下环境效用变化问题,结果发现区域环境合作治理可增加区域整体的收益,但每个区域则存在环境合作治理共赢的临界点。潘峰等分别构建有无约束机制下的地方政府环境规制策略的演化博弈模型,讨论两种情况下地方政府选择的环境策略及其影响因素,结果得到地方政府的环境行为演变规律。薛俭等构建区域间的污染合作治理的优化模型,同时运用 Shapley 值法构建合作治理全部收益的分配方式,并结合 2009 年的京津冀治理二氧化硫的实例进行论证。汪伟全试图以北京地区的空气污染治理为例分析空气污染跨域合作治理的基本规律,总结北京空气污染跨域治理的现状、存在的问题,并指出跨域治理理论发展与演变的方向:传统区域主义、公共选择理论与新区域主义。刘利源等运用博弈理论从非合作与合作战略视角研究非对称两国跨境污染物流量及污染物存量的最优控制问题,结果表明:非对称两国非合作控制污染物时,稳定状态下的污染物存量在一定条件下小于其合作控制时的污染物存量。

李明全等运用博弈论方法分析地方政府任期对区域环境合作的稳定性影响,探讨完全信息静态博弈下两地方政府采取非合作与合作情形时的均衡污染物排放量,讨论两地方政府实施冷酷战略时相互合作的临界贴现因子,探究临界贴现因子与任期长短间的关系,研究发现地方政府选择环境合作治理的必要条件是贴现因子高于临界水平。高明等探讨有无中央政府约束下地方政府分别选择属地治理与合作治理这四种情形下的演变路径及其稳定策略,同时分析地方政府间达成稳固联合治理联盟的因素,结果表明地方政府为实现大气污染的有效治理,必须构建有效的合作治理联盟,而该联盟达成的必要条件是合作收益,且其稳定性取决于合作成本与中央政府约束的程度。姜珂等根据央地分权的背景将中央政府与地方政府两大主体纳入同一分析框架,采用复制动态方程讨论参与主体行为的演化特征与演化稳定策略,结果表明:中央与地方政府的环境策略在很大程度上取决于地方政府执行环境规制的力度、收益、成本以及中央政府的监管力度、监管成本大小和处罚力度等情况。范永茂等基于跨界环境问题的属性来分析合作模式的选择与合作成效之间存在的因果关系,总结了科层、契约与网络这三种机制具有的特征,并提出用这三种机制以不同比例融合而构建各自的合作治理模式。Yi 等构建无限时间内的跨界污染控制的随机微分博弈模型,分析发现参与博弈的国家在合作时征收的污染税与实施的污染治理投资会高于非合作情形下的投资。程粟粟等考虑碳捕获与封存过程中知识积累带来的影响,拓展 Bertinelli 等的跨界污染控制微分博弈模型,探究两个对称国家在马尔科夫纳什均衡战略、开环战略以及合作战略这三种情形下的碳捕获与封存的博弈行为及结果,研究发现博弈参与国采取不同战略所捕获与封存的二氧化碳数量,按由多到少的顺序为合作战略、马尔科夫纳什均衡战略以及开环战略。汪明月等构造政府间减排的演化博弈模型,模拟无约束条件下地方政府间进行单独减排、合作减排及在环境规制条件下地方政府实施单独减排的策略选择的演化过程。王红梅等针对京津冀大气污染治理实际,构建无、有中央政府约束下属地治理与合作治理“行动”博弈模型,探究各主体行动策略的演化路径与均衡问题。

(2)多种污染物损害背景下关于非合作与合作治理研究

国外学者较早重视多种污染物造成差异化影响的问题,并从非合作与合作治理视角逐渐对多种污染物治理问题展开了研究。Yeung 等首次将合作随机微分博弈对策模型运用于多种污染物造成短期性局部影响和长期性全球影响的跨界工业污染的治理问题,重点探讨政府间非合作与合作治理时最优税收与污染治理投资的策略选择问题,同时设计了收益分配机制来支撑子博弈一致性解决方案,研究发现:每个地方政府必须要考虑其他地区或国家的税收政策以及这些政策对企业产出与环境效应的复杂影响。然而,当前国内学者从非合作与合作视角对多种污染物损害背景下的环境污染治理问题展开的研究还相对较少,有待进一步丰富。正如王德强等指出:煤炭等资源的生产和消费中所产生的多种污染物未得到合理有效的控制,将导致区域性的环境问题(如大气污染、酸雨等),同时会造成全球性的环境问题(如气候变化等)。

2.2.2 关于环境政策运用问题研究综述

由于环境的公共品属性以及污染问题的日益加剧,政府逐渐关注如何运用环境规制政策解决环境污染的负外部性问题,而环境规制主要是指:政府为了控制环境污染程度和改善生态环境而对环境污染行为进行直接与间接的干预,主要包括命令型的行政法规手段和市场型的经济手段。众所周知,无论发达国家还是发展中国家,一直都将直接管制手段作为环境管理的基本手段,实践中明显倾向于借助颁布环境法令法规、强制执行排放标准、颁布许可证以及监督处罚等手段来推动区域间的环境污染联防联控。然而,除了这些直接管制手段,环境政策工具还包括转移支付、税收以及排污权交易等经济手段。由此,为了探索区域间环境污染的治理问题,国内外学者从税收、排污权交易等方面就环境政策工具的运用问题进行了大量的研究。

(1) 一种污染物损害背景下关于环境政策运用问题研究

1)一种污染物损害背景下关于环境政策运用问题的国外研究综述

国外学者从税收、排污权交易等角度对环境污染治理问题进行了较多研究。当前学术界在环境污染治理问题上主要存在两种观点:第一种是庇古提出的庇古税理论。由于生态问题具有负外部性,庇古认为政府要制定并实施税费政策;第二种是基于市场的排污权交易。科斯学派认为环境问题的外部性并不总是需要政府进行干预,即只要明确了产权界定,经济行为主体之间的各种市场交易同样可以解决外部性问题。因此,政府所要做的关键工作就是要“明确产权”,以减少“公地的悲剧”的发生。正如 David 等指出:外部性问题在产权清晰划分且无交易费用条件下能够运用市场机制来实现最优化的资源配置。20 世纪 70 年代,Dales 最先根据科斯理论提出排污权交易概念,随后经过 30 多年的发展,国外形成了比较成熟的理论。Milliman 等将由属性相同的企业构成的竞争产业作为研究对象,构建技术选择模型来探讨行政直接控制方式、污染物排放补贴、排污税收、排污交易权的免费分配方式以及排污权的拍卖方式等环境政策对企业技术扩散的激励程度问题,结果表明:各种环境政策对企业技术扩散具有最高激励作用的是排污权拍卖与排污税,而其他环境政策对企业技术扩散的激励程度依次是排放补贴、排污权免费分配与行政直接控制。Jung 等将 Milliman 等的研究拓展到异质性企业层面,通过分析得出环境政策对企业技术进步的重要性依次为:拍卖许可证、排放税收和补贴、自由市场许可证和绩效考核标准,且此排序不会由于企业规模、行业减排的成本构成和行业规模的差异而发生改变。Helmuth 等考察运用税收手段来解决两个地区间的跨界污染治理问题,分析两个地区在部分合作和完全合作情形下的排污税的制定策略问题,同时探讨两个地区的排污税的定价问题。Requate 讨论排污税收和排污许可证对两种类型的环境技术创新的激励效果问题,研究结果表明:环境政策的实施效果会因市场环境的不同而存在差异。

Poyago-Theotoky 首先视排放税为一种内生变量,分析与比较研发竞争模式与研发卡特尔模式下的最优排放税的设计问题。Paolella 等将欧洲各个国家的二氧化碳以及美国的二氧化硫排污权交易市场作为研究对象,借助 GARCH 模型来分析排污权交易的市场价格。Rosendahl 运用理论分析与数值模拟的方法讨论一个近似封闭的排污权交易系统中各方进行交易的动机和价格问题。Harbans 等对大气和水污染进行控制的工具与方法进行总结与综述,得出税收与排污权交易机制这两种政策工具能被广泛运用于污染治理。Villegaspalacio 等探讨各种环境政策工具对企业的技术研发投资行为产生的影响问题,结果表明:技术投资水平在排污权交易条件下仅仅取决于企业本身拥有的技术特性与排污权交易价格。Andrew 等通过研究认为,碳税可作为污染治理的政策手段之一,主要是由于经济发展和社会活动对碳减排的需求,且无须实施深刻的政治、社会和经济变革。Janicke 认为,政府制定政策时应考虑技术创新过程和技术扩散的激励问题,尤其要对企业实施政策补贴以激励和扶持其进行更多的环境技术创新,进而帮助企业降低环境技术创新带来的不确定性风险。Hamed 等构建关于分配问题的目标函数的优化博弈模型,通过初始权益分配、共同联盟建立、利益公平分配、损失最小化这四个程序解决区域排污许可证的分配问题。Fraser 等通过拓展 CGE 模型、Rivera 等利用 Three-ME 模型均发现环境税双重红利的存在。Dai 等分析各种政策组合对企业进行过程创新以及产品创新行为产生的影响,揭示利用政策引导消费者树立绿色消费理念的重要性。Eichner 等构建具有流动资金以及本地或跨界污染的对称性国家间的污染控制模型,研究当各政府采取战略行动时,排放税(或排放限额)和资本税的竞争是否会产生有效的结果,结果表明:当各国家拥有资本税和排放限额可供支配时,各个国家就无须采取资本税,而应采取排放限额来控制跨界(本地)污染。Jacobs 等探讨非线性恩格尔曲线下的最优矫正性污染税和最优收入再分配问题,并运用数值仿真法进行验证,研究表明:如果污染对穷人造成差异性的伤害,那么污染税就要提高。Bian Junsong 等在零售业竞争下基于三级供应链视角分析减排补贴与排放税这两种环境政策的运用问题,结果表明:实施补贴政策能为制造商提供减少污染的较大动力,并为渠道成员带来更高的利润,但是,当减排成本很高且生产排放产生严重破坏时,排放税政策应被实施,这是因为补贴政策会降低社会福利和环境绩效。Cong Jing 等基于绿色金融和碳限额交易特征,研究具有不确定性收益的资本约束低碳供应链的最优减排策略,结果表明:绿色财政补贴和低碳补贴对碳减排有正面影响,但收益不确定性对碳减排有负面影响。

2)一种污染物损害背景下关于环境政策运用问题的国内研究综述

国内学者从排污权交易、税收等角度同样进行了大量研究。李永友等基于省际工业污染的数据,讨论污染收费、环保补助与环保贷款等制度的减排效果问题,研究表明:我国环境政策对减少污染排放均起到了较好的效果,但污染收费制度的实施效果更显著。王先甲等基于单边拍卖机制的缺点,构造出具有激励相容性质的双边拍卖机制,讨论具有多个排污权的购买方和出售方的产量与治污量的最优决策问题,结果表明:双边拍卖机制能促使污染物平均治理成本低的企业能承担更多的处理量,实现治污成本的最小化。许士春等分析企业技术创新受到污染税、污染物排放权交易许可证、污染物减排补贴以及排污的标准等因素的激励影响问题,结果表明:各种政策的激励效果由优到劣依次为完全遵守污染物排放标准、不完全遵守污染物排放标准、污染税和减排补贴、排污权交易许可。周华等探讨排污费、排放标准、排污许可证以及补贴这四种环境政策对完全竞争市场条件下中小企业的环境技术创新(清洁工艺和末端治理技术)的激励效果问题,结果表明:中小企业面对不同环境政策工具时要灵活选择清洁工艺与末端治理这两种技术创新方式。李寿德等讨论排污权交易条件下的双寡头垄断厂商面对不同污染治理 R&D 投资合作模式时所选择的污染治理 R&D 投资与产品策略,并从社会总剩余的角度评价不同污染治理 R&D 投资合作模式对社会福利的影响,结果表明在排污权价格一定的条件下,当两厂商处于污染治理 R&D 投资竞争和技术迁移时,厂商之间污染治理技术迁移会降低厂商的污染治理投资,均衡条件下厂商的污染治理 R&D 投资会随着污染治理技术迁移率的增大而减少。

易永锡等基于排污权交易条件构建厂商污染治理技术投资模型,运用最优控制理论探究厂商在不同情况下的污染治理技术投资策略问题。Li shoude 研究非对称地区间选择排污权交易机制来控制跨界污染问题,结果发现合作控制污染比非合作更有利。武康平等考虑生产函数中加入环境污染的负外部性影响,讨论环境税收政策的抉择机制。王明喜等构造企业减排投资成本最小化模型,剖析企业进行减排的路径与投资渠道问题,讨论免费、拍卖等各种交易模式分配碳排放配额对企业最优减排投资的影响。黄帝等构造多周期决策模型来探讨配额——交易机制下企业的最优动态批量生产、碳排放权交易和减排投资策略问题。何大义等根据报童模型分别构建在强制减排和限额交易减排政策约束下企业的期望利润最大化的模型,研究表明:限额交易减排政策虽减少企业的产量与排放量,但并未降低其期望收益。陈真玲等根据环境税制背景构建中央政府与地方政府间的委托代理模型、政府与企业间的演化博弈模型,探究如何设计合理的环境税的征收机制,并对三者的利益互动博弈关系进行深入分析。

刘升学等引入排污权交易机制来构建两相邻地区关于跨界污染控制的微分博弈模型,运用最优控制理论考察地区在非合作和合作下的最优污染排放轨迹,结果发现合作地区在任意时刻所获得的福利净现值都高于非合作时所获得的福利净现值。杨晶玉等基于双边减排成本信息不对称来构建排污权二级交易市场拍卖模型,分析价格歧视、统一价格及混合拍卖机制下卖方收益、排污权价格波动及排污权供给量差异的问题。赵爱武等设计企业进行环境技术创新的动态仿真模型,模拟企业在各种环境政策情况下的环境技术创新过程,探索各种环境政策工具及其组合对环境技术创新行为的影响。魏守道构建碳交易政策下两个供应商和两个制造商组成的两级供应链中各企业可选择减排研发形式的微分博弈模型,从多方面比较与分析不同减排研发形式的效果,得出供应链中各企业减排研发的策略。何平林等基于环境税双重红利理论建立 Panel ARDL 模型,实证研究 35 个 OECD 国家 1994—2014 年车辆交通税和能源税的经济和环境后果,结果表明:能源税对煤炭消耗有显著的抑制作用,对温室气体、硫氧化物和能源部门二氧化碳排放有明显的减排作用。郑石明等采用系统 GMM 矩估计方法分析环境政策工具对环境质量的影响,结果显示:“三同时”制度、排污费制度等环境政策能有效提高环境质量,但各种环境政策所发挥的作用存在差异。

(2)多种污染物损害背景下关于环境政策运用问题的研究

1)多种污染物损害背景下关于环境政策运用问题的国外研究综述

国外学者较早重视多种污染物产生差异化影响的问题,并从税收、排污权交易许可等方面逐渐展开对多种污染物治理问题的研究,具体概述如下:

①研究多种污染物带来的影响。Bayramoglu 和 Bernard 等均指出累积性污染物的典型例子是温室气体,其逐渐导致全球变暖,这主要是因为温室气体(如二氧化碳、甲烷等)可在空气中长期保持并累积,逐渐引起全球性的洪水、干旱、热浪、海平面上升以及动植物灭绝等问题。与此同时,非累积性污染物的排放还将对周边地区产生区域性影响。Günther 等在重复博弈框架下讨论国际环境协议的稳定性问题。Moslener 等基于多种污染物的治理成本不可分离,研究动态博弈框架下的多种污染物最优治理问题,研究表明:多种污染物之间分别存在替代关系和互补关系时,其最优排放路径存在着较大的差异。Moslener 等研究具有累积性和相互作用特性的多种污染物的动态最优治理策略问题,结果表明:不同的污染物衰减率对最优排放路径、总污染水平以及相对最优的排放价格等存在非单调性的影响。Kuosmanen 等从生产理论的角度探讨了多种污染物的环境管理问题。

②排污许可证交易角度展开研究。Caplan 等认为多种污染物虽然源自单一污染源,但其却造成具有差异的区域性和全球性的外部性问题,进而考察排

污权许可证市场作为一种自我执行机制来控制多种污染物的环境外部性问题。Silva 等研究在当地(硫)和全球(碳)污染物共同存在而具有差异化影响下的污染避难所假说和搭便车行为问题。Wang 认为水污染物并不是均匀分布,其边际环境损害可能由于污染物排放位置的变化而呈现较大不同,进而探讨多种污染物(流动污染与存量污染)共同存在下的排污权许可证交易问题,结果发现将初始污染物存量纳入许可证交易机制非常重要,能够实现有效的环境污染控制。Fullerton 等通过构建一般均衡分析模型来研究多种污染物背景下税收与排污许可证政策实施效果的差异问题。Legras 等指出气候变化是多种大气痕量成分的累积和联合作用所导致的,需要深刻认识到采用综合治理方法解决多种相互作用污染物所导致的全球变暖问题的重要性,在全球进而将跨期许可证交易拓展到包含多种相关污染物治理的框架中进行研究与分析。

③税收角度展开研究。Yang 指出化石燃料的燃烧不仅会产生具有累积性影响的温室气体(如二氧化碳、氯氟烃、氧化亚氮等),而且会排放具有区域性效应的非累积性污染物(如二氧化硫、挥发性有机化合物和颗粒物),并对本地区及邻近地区造成损害,比如工业活动产生的酸雨将使其本地区及相邻地区产生更大的损失。Steffen 等指出单一污染源与多种污染源会产生多重的复杂影响,而这种影响大致分为“本地影响”与“全球影响”,进而从税收角度研究多种污染物的控制问题。Ambec 等[134]探讨多种污染物损害背景下环境规制的政策溢出效应问题,研究认为:环境规制工具以及其时机的选择对提高治理效率至关重要。

2)多种污染物损害背景下关于环境政策运用问题的国内研究综述

近年来,国内学者开始重视并逐渐展开对多种污染物治理问题的研究,但研究成果还相对较少。赵正昱指出,当前酸雨、灰尘和光化学烟雾等大气污染问题频繁发生,同时逐渐形成传统的以二氧化硫和颗粒物为主的污染与PM2.5、臭氧等新型区域性复合型污染相互交织的复杂局面,再加上区域间的大气污染又会互相影响,因此,京津冀、长三角和珠三角等重点区域在此形势下的大气污染问题日益严重。汤莉莉等[135]指出,当前环境问题趋于复杂化,区域性的灰霾、酸雨和以臭氧、二次有机气溶胶生成为主的光化学污染问题正逐渐成为环境保护领域关注的热点与重点问题,比如江苏省大气污染已经由过去单一的煤烟型污染逐步转变为多种污染物、多种作用机制同时存在且相互影响的复合型污染。赵莉等基于传统空气污染物与温室气体间的相互影响(替代或互补)关系,运用动态微分对策理论和方法分析协同与非协同减排机制,并利用具体数值进行模拟分析,模拟结果发现,如果温室气体与传统型污染物间存在一种替代的关系,则温室气体与传统型污染物在协同治理模式下最优的瞬时污染物排放量与排放轨迹,都将低于其在非协同治理模式下所得到的结果;然而,如果它们之间存在一种互补的关系,则温室气体在协同治理模式下最优的瞬时污染物排放量与排放轨迹都多于其在非协同治理模式下,而传统型污染物在协同治理模式下最优的瞬时污染物排放量与排放轨迹有可能会少于其在非协同治理模式下。

2.2.3 关于生态补偿机制问题研究综述

作为一种公共物品,生态环境所具有的非排他性与外部性是造成“公地悲剧”现象的根本原因。当污染物越过行政辖区的界限而到其他辖区时,无论是污染方还是被污染方均难以单独实现有效的治理。尤其是由于频繁发生的跨界环境污染事件,当下单一行政辖区的环境治理体制再度成为我国社会关注的焦点。但是,由于区域内污染物的互相传输关系,地区联合治理带来的环境质量提升为整个区域所共享。因此,各个地区往往存在“搭便车”动机,而如何解决“搭便车”问题是区域环境合作治理的重要问题。截至目前,国内外学术界已从转移支付、利益分配及生态补偿等方面研究解决区域环境合作中的“搭便车”问题。近年来,作为国内外热点,生态补偿机制实际上是一种经济激励手段,主要通过将环境保护的外部效应内部化,由生态价值受益者向受损者支付一定的费用以协调区域间的利益关系,促使各区域切实履行生态保护的职责,保证生态环境资源服务功能的正常供给,实现环境保护效率和成本效益最大化。如今,国内外学者已经对生态补偿机制做出了较多的理论与实践研究,并取得了丰富的研究成果。

(1)一种污染物损害背景下关于生态补偿机制问题的研究

1)一种污染物损害背景下关于生态补偿机制问题的国外研究综述

国外学者从生态补偿角度对环境治理展开大量研究。Brainard 等认为,一个行政辖区若持有流动性物品的产权,则可要求受益的其他辖区基于所得到的利益给予一定数量的经济补偿,以期实现有效的供给。Kaitala、Missfeld 等建立各个国家间的跨界污染控制博弈模型,分析得出各个国家需要进行转移支付以补偿部分国家在环境污染合作治理中的经济损失,促进区域环境污染的合作治理。Silva 等构建跨界污染治理的斯塔克伯格博弈模型,进而分析环境治理的政策工具在中央政府和区域政府间的分配问题,结论表明:环境政策的实施效果受到政府府间行政权力分配的显著影响,因而中央政府有必要在各区域间执行转移支付。Ring 探讨具备较高外溢性的跨界公共品的供给问题,研究指出:将跨界公共物品的外溢性进行内部化的工具之一是财政转移支付制度。Hecken 等认为,政府实施生态补偿能产生直接经济激励效果以及对有限的环境保护资金进行合理分配,实现对生态系统的有效保护。Deng 等指出,地方政府投资建设有关环境保护的基础设施时存在正外部性特征,导致其缺乏环境保护的积极性。Wunder 认为,生态补偿实质上是一种以产生异地的生态系统服务为目的的自愿交易,并不是要解决所有正外部性问题,而是针对异地的外部性问题。SHI 等通过研究得出:将部分合作增量收益进行转移支付,弥补其他区域的损失,有助于合作联盟的稳定。Bellverdomingo 等认为,作为环境正外部性内部化的重要手段的生态补偿,其不仅能激励生态系统服务的供给,而且能获得开展生态保护的资金,更是命令控制型政策的有效补充。Wegner 指出实施生态补偿的目标就是要构建一个生态系统服务单独进行买卖的新框架,以便能更加有效地解决环境负外部性问题。Wu Zening 等基于能值理论探究水污染控制中生态补偿标准量化问题。An Xiaowei 等构建公私合作伙伴关系(PPP)模型,分析城市水环境治理的生态补偿问题。Jiang Ke 等通过引入生态补偿标准并运用最优控制理论,建立连续时间内上下游地区间的流域跨界污染减排模型,探索 Stackelberg 和合作博弈下总体流域环境质量的最佳反馈均衡策略。HU Dongbin 等运用演化博弈理论建立具有“奖罚”机制的博弈模型,分析流域上下游利益相关者间跨界污染控制的生态补偿标准问题。Jiang Ke 等构建一个随机微分对策(SDG)模型,分析包含补偿方和受偿方之间的跨界污染最优控制策略。Yi Yongxi 等从生态补偿机制视角研究流域上下游间跨界污染控制的 Stackelberg 微分对策博弈模型,结果表明:上下游间存在一个帕累托改进的最优生态补偿率。

2)一种污染物损害背景下关于生态补偿机制问题的国内研究综述

国内学者同样从生态补偿角度对环境治理展开大量研究。王军锋等从多角度系统梳理生态补偿相关领域的研究成果,继而论述市场主导型的流域生态补偿机制和政府主导型的流域生态补偿机制这两种模式的区别与联系。曲富国等构建基于成本收益的博弈模型,系统分析上下游政府间生态补偿问题,其研究显示:地方政府生态补偿的横向财政转移支付并没有促使上游政府进行水环境保护,而为了解决此问题,地方政府间必须达成有约束力的协议,同时需要借助中央纵向财政转移支付。周永军分别构建单种群与双种群演化模型,分析跨界污染治理中上下游政府群间生态补偿机制的演化问题,探讨政府群的演化均衡策略,并模拟分配系数对整个系统演化稳定的影响情况。黄策等在庇古税思想的基础之上,通过放松庇古税对外部性相关信息的强假设,构建一个两阶段多边补偿机制博弈模型,其研究表明:中央政府利用企业所缴纳的庇古税对居民进行补偿,不仅能实现企业污染负外部性的内部化,而且能平衡地区间的环境治理问题。景守武等[158]首先对横向生态补偿促进水环境治理的内在机制进行制度分析,然后将安徽省和浙江省共同实施的新安江流域横向生态补偿试点作为研究案例,运用双重差分法探究新安江流域跨省横向生态补偿试点对水污染强度的影响。姜珂等考虑补偿方根据受偿方治污投资量的大小决定其补偿比例,构建一个生态补偿方和受偿方在有限时间内存在环境污染跨界治理问题的微分对策模型,探讨不同决策下双方反馈均衡策略、状态变量最优轨迹及其福利水平的动态变化情况,运用讨价还价模型设计出合理的福利分配机制。吴立军等基于排放权配额的分配和碳汇总量的测度,构建地区碳生态账户的“借方”,而将实际排放作为其“贷方”,进而依据这种“借贷”关系厘清补偿对象并研究碳生态补偿问题。徐松鹤等构造微分博弈模型,分析生态补偿机制对流域上下游政府治污努力的影响,并比较无生态补偿、有生态补偿和中央干预这三种情形下上下游政府的博弈均衡解,结果表明:上下游政府单独治理基本无效,但下游政府给予上游政府足够的生态补偿资金时,能极大激励上游政府的治污行为。郑云辰等以协同理论等理论为基础探讨流域多元化生态补偿的基本框架,研究得出实施多元化生态补偿机制的关键在于,依靠多元补偿主体去分担一个共同的补偿量,进而实现多渠道生态补偿,提升生态补偿的实施效率。

(2)多种污染物损害背景下关于生态补偿机制问题的研究

截至目前,无论是国外学者还是国内学者,从生态补偿视角对多种污染物治理问题进行研究的还相对较少,特别是从生态补偿等角度探索如何激发地方政府间环境污染治理的积极性、构建地方政府间的合作关系以及促使地方政府间开展环境污染的跨界治理。因此,将生态补偿机制运用于多种污染物的跨界治理有待深入研究与丰富。

2.2.4 关于政府与企业两主体互动问题的研究综述

日益严重的环境污染问题不仅对公众身体健康产生巨大的威胁,而且对我国经济实现高质量发展产生了不利影响,因此,实现环境污染的有效治理,成为当前绿色经济发展的一个巨大挑战。环境问题的实质在于环境污染的外部性,即污染主体虽通过污染排放获得巨额的私人收益,但只承担极少部分的污染成本。因此,为了从根本上解决环境污染问题,政府要通过设计合理的机制以促使微观主体从自身利益出发,控制污染物排放与保护环境。面对日益突出的环境污染问题,政府需要制定并实施严格的环境规制政策来限制企业的污染物排放量,实现污染物质的达标排放。此时,追求利润最大化的企业在日渐严格的环境规制政策约束下如何适应环境政策的变化,是值得思考的问题。当前,针对政府如何引导企业的污染减排问题,国内外学者已经从政府实施的税收、补贴和排污权交易等环境政策工具对企业污染减排行为的影响方面开展了深入研究。

(1)一种污染物损害背景下关于政府与企业间互动问题的研究

1)一种污染物损害背景下关于政府与企业间互动问题的国外研究综述

国外学者基于整体(视为一种污染物)的视角,将政府与企业两个主体纳入同一分析框架,对环境污染治理展开大量探索与分析。Ulph 研究政府分别实施排放税收与制定排放标准对企业技术研发的激励作用问题。Moledina 等通过构造信息不对称条件下政府与企业间的动态博弈模型,证明企业将根据政府制定的不同环境政策工具,灵活选择不同的环境策略行为。Yeung 基于工业企业间存在相互竞争而政府间合作治理环境污染的视角,最先构建工业企业与政府作为独立实体背景下跨界工业污染的合作微分博弈模型,同时首次将随机微分博弈运用于污染治理的研究,结果得出污染控制合作微分博弈的时间一致的均衡解,并给出了博弈一致的合作解。Mitra 等构建生产商与再制造商间的博弈模型,分析与比较政府补贴对企业经营的重要作用。Jorgensen 等运用最优控制理论构建跨界污染联合治理的博弈模型,研究得到:政府和工业能够同时获得均衡的、在时间上具有一致性的结果。Clara 等深入探讨在污染税收和排污权交易许可证等条件下,政府的环境监管策略对企业采用先进减排技术的激励作用问题,研究表明:污染税条件下,企业采用先进减排技术的程度不会受到政府环境监管策略的影响,而在排污权交易许可证下,企业采用先进减排技术的程度会随政府监管频率的增加而增加。Hong 等构建政府与企业间的 Stackelberg

博弈模型,分析与探讨政府给予企业的EOL产品的补贴配比关系,以期提高EOL产品的回收率。Feng等通过研究显示政府执行严格的惩罚制度时,企业会主动进行减排投资。Li Jian等探究信息不对称条件下供应链中制造商的最优减排策略,并设计针对供应链中制造商的减排激励契约。

2)一种污染物损害背景下关于政府与企业间互动问题的国内研究综述

国内学者基于整体(视为一种污染物)的视角,将政府与企业两个主体纳入同一分析框架,对环境污染治理展开大量探讨与分析。王能民等构建一个三阶段的博弈模型,基于制造商的污染治理投资行为,探讨政府制定环境规制的策略,剖析福利增加量、治污成效与治污成本对激励效果与惩罚强度的影响。张学刚等考虑环境污染给政府与企业分别带来政治成本与声誉成本,分析政府环境监管与企业污染治理的互动策略,结果显示:提升环境质量的重要方向之一是非物质成本(企业污染的声誉成本及地方政府忽视污染治理的政治成本等)的制度建设。宋之杰等构建研发补贴与污染排放税收下的企业研发模型,研究减排目标下企业获得的最优研发水平、污染排放税收和研发补贴。张倩等基于博弈论方法讨论征收排污税收下政府与企业的博弈关系,研究发现:企业污染上报量、环境治理等策略会受到政府的排污税率、谎报罚金等考核指标,及企业的排污技术水平、排污谎报的声誉损失等因素的影响,但企业排污水平未受到监管强度的直接影响。游达明等[175]构建政府与企业间的三阶段博弈模型,讨论不同竞合模式下企业的最优研发投入与政府的最优补贴政策,探索有补贴与无补贴情况下企业最优的研发投入、生产产量、利润及福利水平等变化情况。胡震云等考虑生态文明考核因素下构建连续时间内政府与企业间污染治理的微分博弈模型,分析生态文明环保政绩考核带来的影响,结论显示:政府制定的生态文明环保政绩考核的重要性与企业均衡污染物产量呈负相关,而与政府均衡治污努力呈正相关。邹伟进等构建政府与企业在信息不对称情形下的委托—代理模型,探讨政府与企业如何达成最优的协议,以及政府如何有效地实施监督以规范企业的环境行为,结果表明:信息不对称条件下企业开展绿色管理的努力水平取决于环境效益、经济效益与努力成本间的比值。

蒋丹璐等运用随机微分对策方法研究流域生态补偿机制下地方政府减排政策的制定问题，以及分析上游地方政府和企业间的 Stackelberg 博弈和合作博弈的纳什均衡，结果发现政企合谋现象是一种纳什均衡。程发新等构建政府补贴下企业主动碳减排阶段的成本收益模型与行业成本收益模型，探讨企业的最优应对策略和政府如何通过补贴来激励企业进行帕累托改进，最终实现帕累托最优。侯玉梅等根据消费者行为、准入标准、政府监督等因素设计出政府与企业间的多任务委托-代理模型，分别探讨非对称信息和对称信息下政府激励机制的设计问题，结果表明：努力减排的市场准入标准越高，政府就越需要予以企业更多的固定补贴。曹兰英建立政府和企业作为参与人的完全信息博弈模型，探讨政府对企业的最优财政补贴，以及企业污染防治努力程度与政府财政补贴等因素间存在的关系，研究政府财政补贴下企业实施正向努力与获得正向收益的充分条件。张盼等建立了碳交易政策和碳税政策下政府和生产商间的 Stackelberg 博弈模型，比较与分析两种政策下生产商的最优环保创新水平、总产出、总碳排放量及社会福利。张艳楠等基于排污权交易市场背景构建政府与企业的 Stackelberg 博弈模型，探索企业生产量与政府规定单位产量治污水平的确定问题。陈克贵等构建政府和企业间的斯坦伯格博弈模型，探讨政府如何设计企业减排激励合同，结果表明：当政府不清楚企业减排技术水平时，政府的期望收益和激励力度会降低，而拥有私有信息的企业会减少减排资金，但收益会增加。李冬冬等通过构建三阶段博弈模型，得到清洁工艺和末端治污下企业的减排研发绩效，并利用数值模拟方法分析：最优补贴下企业选择治污技术时受污染损害程度、技术溢出率及排污税收的影响情况。夏晖等通过建立政府与企业间的博弈模型，探讨在政府多目标碳配额分配条件下减排效率差异企业的最优减排技术的投资策略，分析企业技术投资决策受碳配额政策的影响，结果显示：在政府兼顾经济效益和社会效益的多目标配额分配条件下，低减排效率企业会最大限度进行投资，以获得更多的政府分配额，而高效率企业则存在投资动力不足的问题。

（2）多种污染物损害背景下关于政府与企业间互动问题的研究

近年来，国外学者将政府与企业两个主体纳入同一分析框架，逐渐展开对多种污染物跨界治理问题的研究，但研究成果还较少。Yeung 等通过将政府与工业企业纳入同一个分析框架来构建随机微分对策模型，研究多种污染物分别造成短期性局部影响与长期性全球影响的跨界工业污染治理问题，探讨政府与工业企业分别获得最大收益时，各自最优策略的选择问题。同样，国内学者将政府与企业两个主体纳入同一框架，逐渐展开对多种污染物跨界治理问题的研究，但是仍然较少。Huang Xin 等研究指出，工业企业与地方政府间开展 Stackelberg 博弈，同时两企业进行竞争与两个地方政府能够通过合作治理环境污染，并认为跨界污染以两种方式破坏每个地区，即在全球累积性污染物和区域非累积性污染物的基础上，构建两个非对称地区间跨界工业污染的合作治理微分博弈模型，结果发现：只有开展合作治理时，地方政府在制定发展战略时才会考虑其污染扩散对邻近地区造成的区域影响。

2.2.5 国内外研究评述

综上所述，国内外不同领域的专家学者已从各自的视角出发，对跨界污染治理进行了大量研究，取得了一系列有价值的研究成果，并在管理实践中得到了相当程度的应用。通过总结国内外有关跨界污染治理机制的研究发现，环境治理大致都经历了从政府行政直接干预到市场化工具控制的过程，但由于环境污染的外部性和环境资源的公共产品属性，决定了其研究涉及管理学、经济学等诸多学科领域，且环境治理是一项系统性的复杂工作，使得当前关于环境污染治理的相关研究存在一定的局限性。从以上的研究可以看出，目前国内外学者重点从整体（视为一种污染物）的视角研究跨界污染治理问题，主要从非合作与合作治理、环境政策工具的运用、生态补偿机制的构建以及政府与企业两个主体互动过程等角度,开展一系列的研究与分析,且取得了较多的研究成果。

但是,现实中很多环境问题主要是由多种污染物共同作用的结果。由此,国内外学者都开始关注并逐渐展开对多种污染物的跨界污染治理问题的探索。从当前的研究来看,国外学者较早重视多种污染物的跨界治理问题,主要从排污税收、排污权交易许可证等环境政策工具运用的角度进行了一定研究,而较少从生态补偿机制的设计、政府与企业两个主体互动过程等角度进行讨论;国内学者虽然已经注意多种污染物造成的环境问题,但是目前取得的研究成果仍比较有限,有待进一步丰富。总之,诸多学者从博弈理论角度分析跨行政区环境污染治理问题,它不仅是企业间、政府与企业间的博弈,更是府际博弈的问题。如今跨行政区间存在的环境污染问题日益严重,尤其是多种污染物相互影响的复合型污染的复杂局面亟需被解决。因此,本书在多种污染物损害背景下,从非合作治理与合作治理、生态补偿机制、政府与企业两个主体互动过程等角度对跨行政区环境污染治理进行研究,就显得尤为重要,以期提出更加具有针对性的跨界环境污染治理策略。

3

仅考虑多种污染物损害的跨界污染治理策略

随着经济的飞速发展,资源环境问题逐渐成为制约我国经济发展的瓶颈。雾霾、沙尘暴、水污染等严重影响着我国人民的生活和我国经济的高质量发展。现实中,很多环境问题是多种污染物作用的结果。面对多种污染物的不同损害,我国政府不仅要重视区域性环境问题,而且要重视全球性环境问题。习近平总书记在党的十九大报告中着重指出,生态文明建设是中华民族永续发展的千年大计。为此,我国政府先后制定和实施了一系列重大的环境保护政策,但效果并不如人意,其主要原因在于:生态自然环境具有的一体性和污染物质呈现的跨界流动性等特点,环境污染常常表现出区域性、跨界性等特性,而作为治污决策主体的地方政府,其在治污过程中往往只会考虑本地区的利益,几乎不考虑本地区污染物排放对其他地区的影响。因此,如何解决跨界污染问题是我国实现生态文明建设的关键,特别是多种污染物共同存在且造成不同影响的前提下。鉴于此,本章以多种(非累积性和累积性)污染物对环境造成不同损害为背景,运用最优控制理论与方法构建两个相邻地区关于跨界污染最优控制博弈模型,提出两个相邻地区兼顾非累积性污染物对本地区及相邻地区造成损害、累积性污染物对两个相邻地区分别造成损害的目标函数,重点分析两个相邻地区在非合作与合作治污情况下如何采取最优的环境污染治理策略,包括污染物排放量、环境污染治理投资等,使得各自效用达到最大化,同时探讨污染物存量的动态变化情况,并对这两种情况下的最优解进行比较与分析。

3.1 问题描述

当前我国大气环境形势依然严峻,区域内大范围同时出现空气污染的次数日益增多,严重制约社会经济的可持续发展,同时威胁我国人民群众身体健康,给现行环境管理模式带来了巨大挑战。由于大气污染物传输并不“遵守”行政边界,而是在空间上扩散迁移并呈现区域性,城市间大气污染相互影响越来越显著,工业化和城市化水平较高的城市群较明显。大气污染的控制不能局限于单独的地区,而应该打破行政区划的界限。随着我国城市化、工业化进程的不断加快,环境污染形势日趋严峻,区域性与全球性特征日趋明显,特别是我国当前主要以石油、煤炭、天然气等为消费能源,而这些常规能源在消费过程中会产生多种污染物,造成差异性的环境问题。一方面,燃烧化石燃料等排放的二氧化硫、悬浮颗粒物等污染物,导致酸雨、PM2.5 污染和雾霾污染等区域性生态环境问题越来越突出。例如,根据统计数据,雾霾污染集中在华北、华中等地区,尤其是京津冀及其周边地区。2015 年,京津冀及其周边地区地级以上城市共发生重度及以上污染 1 710 天次,占全国的 44.1%。京津冀地区地级以上城市达标天数比例平均为 52.4%,比长三角、珠三角地区低 19.7%和 36.8%,共发布重污染天气预警 154 次。2016 年,我国严重大气污染的 24 个城市中,京津冀地区占了 10 个。2017 年,京津冀地区大气污染情况超过全国平均水平。另一方面,燃烧化石燃料等所排放的氯氟烃、氧化亚氮等污染物,逐渐加入现有污染物存量并长期累积,使得温室效应、臭氧层破坏以及气候变化等全球性生态环境问题日益尖锐。2015 年,193 个联合国的会员国在可持续发展峰会上达成并正式通过了《改变我们的世界——2030 年可持续发展议程》,其重要的全球目标之一就是保护全球生态环境与遏制气候变化。

在此背景下,面对多种污染物的不同损害,我国政府必须重视差异性的环境治理。为此,本章假定两个相邻地区均有工业企业在生产中排放两种污染物:一种是非累积性污染物,如二氧化硫、悬浮颗粒(如 PM2.5)以及恶臭污染等,将使本地区以及相邻地区产生短期的区域性生态环境问题;另一种是累积性污染物,如氯氟烃、氧化亚氮等,将加入现有的环境存量并长期累积,逐渐加剧全球变暖等一系列长期性的全球性生态环境问题[80,128]。为了降低污染物对生态环境的破坏,两个地方政府均决定投资,对污染物进行治理,而其治污的方式主要有两种:一种是非合作治污,即地方政府单独对本地区的环境污染进行治理,以自身利益的最大化为中心;另一种是合作治污,即两个相邻地区通过合作治理区域环境污染,实现共同利益的最大化(图 3.1)。考虑到污染物的跨界污染特性,地方政府应积极开展合作治污。因此,本章将构建跨界污染最优控制博弈模型,比较分析非合作与合作治污两种情况下的最优环境污染治理策略,包括污染物排放量、环境污染治理投资等,论证合作治污的优势。随着我国生态文明建设的深入推进,地方政府不断加大对环境与生态保护治理和投入力度。但是,跨界环境污染治理基本会涉及多个地区,而每个地区因存在经济和资源环境目标和利益的冲突,都会以自身利益最大化为核心,超标排放污染物,从而对其他地区产生负外部性影响。因而,环境污染治理的关键问题在于,如何破解各地方政府间存在的集体行动困境,以期促使各地方政府间展开跨域治理行动,促使地方政府开展联防联控、合作治污,提高环境治污水平等。

通过对现有文献的回顾和梳理,跨界污染问题已经引起国内外学者的普遍关注,但其重点是研究单一污染物的控制问题,而较少关注多种污染物的治理问题。不过,当前少数国内外学者也开始从税收、排污权许可等视角探索多种污染物的跨界环境治理问题,而从环境污染治理投资角度探讨其治理策略的研究较少,考虑瞬时排放量中非累积性污染物和累积性污染物组成比例的变化对治理策略影响的更少。基于此,本章考虑非累积性污染物和累积性污染物对生态环境产生不同程度的损害,通过构建两个相邻地区关于跨界环境污染最优控制的博弈模型,运用最优控制理论以及仿真对比分析两个相邻地区在非合作和合作治污情况下最优的跨界环境污染治理策略,包括污染物排放量、环境污染治理投资等,探讨影响最优跨界环境污染治理策略的因素,研究污染物存量的动态变化,以期为地方政府制定跨区域合作治污政策提供理论依据。

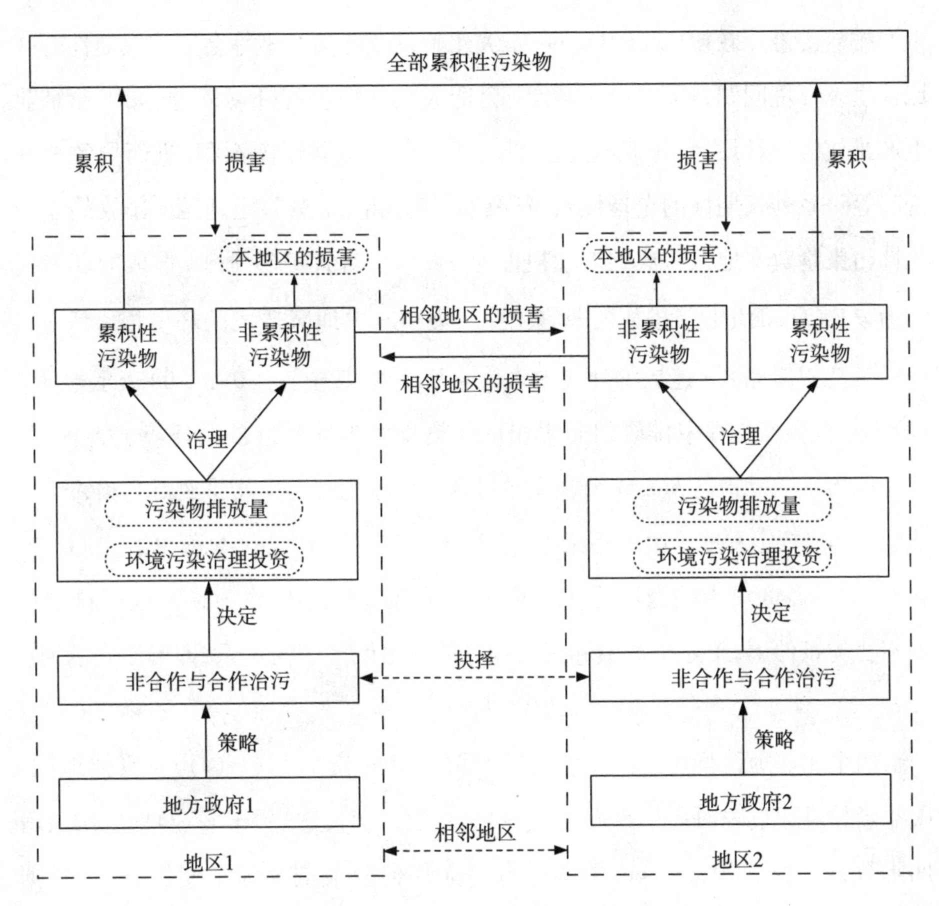

图 3.1 地方政府间治理跨界污染的决策示意图

3.2 模型构建

考虑两个相邻地区 $k(k=i,j)$ 存在跨界环境污染问题。$q_k(t)$ 为地区 $k(k=i,j)$ 在 t 时的产出量，且满足 $q_k(t)\geqslant 0, t\in[0,+\infty)$。与此同时，当工业企业制造产品时一般会伴随污染物的排放，用 $E_k(t)$ 表示地区 $k(k=i,j)$ 在时间 t 时的污染排放量。本章考虑单一污染源会排放多种污染物，即非累积性污染物和累积性污染物，而非累积性污染物主要是对本地区以及相邻地区造成损失，如工业生产排放的悬浮颗粒(如 PM2.5)、二氧化硫以及恶臭污染等会造成短期性的区域性生态环境问题,累积性污染物则会造成全球性生态环境问题,如工业企业生产排放的氯氟烃、氧化亚氮等会加入现有存量中并逐渐累积,进而导致全球变暖等一系列长期性的全球性环境问题。鉴于此,本章假定地区 i 排放的非累积性污染物对本地区造成的环境损害为 $\varepsilon_i^i E_i(t)$,对其相邻地区 j 造成的环境损害为 $\varepsilon_i^j E_i(t)$,而地区 j 排放的非累积性污染物对本地区造成的环境损害为 $\varepsilon_j^j E_j(t)$,对其相邻地区 i 造成的环境损害为 $\varepsilon_j^i E_j(t)$。其中,$\varepsilon_i^i>0(\varepsilon_j^j>0)$ 表示地区 $k(k=i,j)$ 在生产过程中排放的非累积性污染物对本地区造成的环境损害程度,$\varepsilon_i^j>0(\varepsilon_j^i>0)$ 表示地区 $k(k=i,j)$ 在生产过程中非累积性污染物排放对其相邻地区造成的环境损害程度。由于污染物是工业生产中的副产品,本章在借鉴 List 等和 Benchekroun 等人的理论的基础上,假定在给定边际生产力以及生产技术水平不变的条件下,工业生产量和污染物排放量之间呈正向关系,即可以表示为:

$$q_k(t)=F_k(E_k(t)) \tag{3.1}$$

两个相邻地区均可通过工业生产获取一定的收益 $U_k(q_k(t))$。具体地说,收益函数可通过瞬时污染排放量 $E_k(t)$ 进行表示,且其是关于 $E_k(t)$ 的二次递增凹函数,同时 $U'(0)=+\infty$,即零产量是无任何收益的。为了便于分析,根据 Dockner 等和 Nkuiya 的研究,本章将地区 $k(k=i,j)$ 的收益函数 $U_k(q_k(t))$ 具体表示为:

$$U_k(q_k(t))=U_k(F_k(E_k(t)))=a_k E_k(t)-\frac{1}{2}E_k^2(t) \tag{3.2}$$

其中,a_k 表示地区 $k(k=i,j)$ 的效用系数,即当生产收益达到最大值时污染物排放量的取值,且 $0\leqslant E_k(t)\leqslant a_k$。地区 $k(k=i,j)$ 在时间 t 时将通过更新技术、增加污染处理设施等多种方式,进行环境污染治理投资以降低污染物存量,用 $I_k(t)$ 表示地区 $k(k=i,j)$ 的环境污染治理投资量,但环境污染治理投资需要大量的人力、物力以及技术,因此其会产生一定的环境污染治理成本。参照 Ouardighi 等[193] 的研究基础,本章将地区 $k(k=i,j)$ 的环境污染治理投资成本以如下函数形式表示：

$$C_k(I_k(t))=\frac{1}{2}c_kI_k^2(t),k=i,j \tag{3.3}$$

其中，$c_k>0$ 表示地区 $k(k=i,j)$ 的环境污染治理投资成本效率参数。此外，污染物存量 $x(t)$ 随时间的变化表现为如下的动态过程：

$$\dot{x}(t)=b_iE_i(t)+b_jE_j(t)-\mu_iI_i(t)-\mu_jI_j(t)-\delta x(t),$$
$$x(0)=x_0,x(t)\geqslant 0 \tag{3.4}$$

其中，$\delta>0$ 表示污染物自然分解率；$x_0>0$ 为初始污染物存量；$b_k>0$ 表示地区 $k(k=i,j)$ 排放的累积性污染物在瞬时污染物排放量中的比重；$\mu_k>0$ 为地区 k $(k=i,j)$ 的单位环境污染治理投资削减污染物的程度。另外，在借鉴 Yeung[165] 的基础上，假定地区 $k(k=i,j)$ 遭受污染物存量的损害成本 $D_k(x(t))$ 具体表示为：

$$D_k(x(t))=h_kx(t),D(0)=0,k=i,j \tag{3.5}$$

其中，$h_k>0$ 表示地区 $k(k=i,j)$ 遭受污染物存量损害程度。故地区 $k(k=i,j)$ 获得收益最大化的目标函数及约束条件可分别表示为：

$$W_i=\max_{E_i(t),I_i(t)}\int_0^\infty e^{-rt}[U_i(q_i(t))-C_i(I_i(t))-\varepsilon_i^iE_i(t)-\varepsilon_j^iE_j(t)-D_i(x(t))]\mathrm{d}t$$

$$W_j=\max_{E_j(t),I_j(t)}\int_0^\infty e^{-rt}[U_j(q_j(t))-C_j(I_j(t))-\varepsilon_j^jE_j(t)-\varepsilon_i^jE_i(t)-D_j(x(t))]\mathrm{d}t$$

$$s.t.\begin{cases}\dot{x}(t)=b_iE_i(t)+b_jE_j(t)-\mu_iI_i(t)-\mu_jI_j(t)-\delta x(t)\\ x(0)=x_0,x(t)\geqslant 0\end{cases} \tag{3.6}$$

其中，$r>0$ 为折现率，W_k 表示地区 $k(k=i,j)$ 的收益情况。目标函数中控制变量为 $E_k(t)$ 和 $I_k(t)$，状态变量为 $x(t)$。

3.3 地区间非合作治污下地方政府的最优策略

当两个相邻地区分别进行环境污染治理时，各地方政府均以实现自身利益最大化为核心，追求并决定各自最优的污染物排放量、环境污染治理投资等环境治理策略。故地区 $k(k=i,j)$ 获得收益最大化的目标函数以及约束条件可分别具体表示为：

$$W_i^N = \max_{E_i(t),I_i(t)}\int_0^{\infty} e^{-rt}\left[a_iE_i(t)-\frac{1}{2}E_i^2(t)-\frac{1}{2}c_iI_i^2(t)-\varepsilon_i^iE_i(t)-\varepsilon_j^iE_j(t)-h_ix(t)\right]\mathrm{d}t$$

$$W_j^N = \max_{E_j(t),I_j(t)}\int_0^{\infty} e^{-rt}\left[a_jE_j(t)-\frac{1}{2}E_j^2(t)-\frac{1}{2}c_jI_j^2(t)-\varepsilon_j^jE_i(t)-\varepsilon_i^jE_i(t)-h_jx(t)\right]\mathrm{d}t$$

$$s.t.\begin{cases}\dot{x}(t)=b_iE_i(t)+b_jE_j(t)-\mu_iI_i(t)-\mu_jI_j(t)-\delta x(t)\\ x(0)=x_0,x(t)\geqslant 0\end{cases} \tag{3.7}$$

其中，W_k^N 表示地区 $k(k=i,j)$ 在非合作治污情况下的收益情况。对式(3.7)动态最优控制问题进行求解，可得到最优解的显式表达式，并且非合作治污情况下的均衡结果均以上标“N”的形式表示。

命题 3.1　两相邻地区间进行非合作治污情况下地区 $k(k=i,j)$ 的均衡结果分别具体表示如下：

①地区 $k(k=i,j)$ 的最优污染物排放量 $E_k^N(t)(k=i,j)$ 分别为：

$$E_i^N(t)=a_i-\varepsilon_i^i-\frac{b_ih_i}{r+\delta},E_j^N(t)=a_j-\varepsilon_j^j-\frac{b_jh_j}{r+\delta}$$

②地区 $k(k=i,j)$ 的最优环境污染治理投资 $I_k^N(t)(k=i,j)$ 分别为：

$$I_i^N(t)=\frac{\mu_ih_i}{c_i(r+\delta)},I_j^N(t)=\frac{\mu_jh_j}{c_j(r+\delta)}$$

③地区 $k(k=i,j)$ 的价值函数 $V_k^N(x(t))(k=i,j)$ 分别为：

$$V_i^N(x(t))=\frac{1}{2r}\left(a_i-\varepsilon_i^i-\frac{b_ih_i}{r+\delta}\right)^2-\frac{1}{r}\left(\varepsilon_j^i+\frac{b_jh_i}{r+\delta}\right)\left(a_j-\varepsilon_j^j-\frac{b_jh_j}{r+\delta}\right)+$$

$$\frac{\mu_i^2h_i^2}{2c_ir(r+\delta)^2}+\frac{\mu_j^2h_ih_j}{c_jr(r+\delta)^2}-\frac{h_i}{r+\delta}x(t)$$

$$V_j^N(x(t))=\frac{1}{2r}\left(a_j-\varepsilon_j^j-\frac{b_jh_j}{r+\delta}\right)^2-\frac{1}{r}\left(\varepsilon_i^j+\frac{b_ih_j}{r+\delta}\right)\left(a_i-\varepsilon_i^i-\frac{b_ih_i}{r+\delta}\right)+$$

$$\frac{\mu_j^2h_j^2}{2c_jr(r+\delta)^2}+\frac{\mu_i^2h_ih_j}{c_ir(r+\delta)^2}-\frac{h_j}{r+\delta}x(t)$$

④污染物存量 $x^N(t)$ 随时间 t 动态变化的表达式为：

$$x^N(t)=\left(x_0-\frac{A}{\delta}\right)e^{-\delta t}+\frac{A}{\delta}$$

其中，不失一般性，令 $A=b_i\left(a_i-\varepsilon_i^i-\frac{b_ih_i}{r+\delta}\right)+b_j\left(a_j-\varepsilon_j^j-\frac{b_jh_j}{r+\delta}\right)-\frac{\mu_i^2h_i}{(r+\delta)c_i}-\frac{\mu_j^2h_j}{(r+\delta)c_j}$。

证明：为了获得最优控制问题的最优性条件，本节运用 Hamilton-Jacobi-Bellman（HJB）方程求解。假定地区 $k(k=i,j)$ 的价值函数为 $V_k^N(x(t))(k=i,j)$，因而满足式（3.7）的 HJB 方程分别为：

$$rV_i^N(x(t))=\max_{E_i(t),I_i(t)}\left\{a_iE_i(t)-\frac{1}{2}E_i^2(t)-\frac{1}{2}c_iI_i^2(t)-\varepsilon_i^iE_i(t)-\varepsilon_j^iE_j(t)-h_ix(t)+\right.$$

$$\left.V'^N_i(x(t))\left[b_iE_i(t)+b_jE_j(t)-\mu_iI_i(t)-\mu_jI_j(t)-\delta x(t)\right]\right\} \tag{3.8}$$

$$rV_j^N(x(t))=\max_{E_j(t),I_j(t)}\left\{a_jE_j(t)-\frac{1}{2}E_j^2(t)-\frac{1}{2}c_jI_j^2(t)-\varepsilon_j^jE_j(t)-\varepsilon_i^jE_i(t)-h_jx(t)+\right.$$

$$\left.V'^N_j(x(t))\left[b_iE_i(t)+b_jE_j(t)-\mu_iI_i(t)-\mu_jI_j(t)-\delta x(t)\right]\right\} \tag{3.9}$$

由式（3.8）和（3.9）最大化的一阶偏导数条件分别可得：

$$E_i^N(t)=a_i-\varepsilon_i^i+b_iV'^N_i(x(t)) \tag{3.10}$$

$$I_i^N(t)=-\frac{\mu_i}{c_i}V'^N_i(x(t)) \tag{3.11}$$

$$E_j^N(t)=a_j-\varepsilon_j^j+b_jV'^N_j(x(t)) \tag{3.12}$$

$$I_j^N(t)=-\frac{\mu_j}{c_j}V'^N_j(x(t)) \tag{3.13}$$

将式(3.10)、(3.11)和式(3.12)、(3.13)分别代入式(3.8)、(3.9)并进行整理可得:

$$rV_i^N(x(t)) = \frac{1}{2}(a_i-\varepsilon_i^i+b_i V'^N_i(x(t)))^2+(b_j V'_i(x(t))-\varepsilon_j^i)(a_j-\varepsilon_j^j+b_j V'^N_j(x(t)))+ \frac{\mu_i^2}{2c_i}(V'^N_i(x(t)))^2+\frac{\mu_j^2}{c_j}(V'^N_i(x(t))V'^N_j(x(t)))- h_i x(t)-\delta V'^N_i(x(t))x(t) \tag{3.14}$$

$$rV_j^N(x(t))=\frac{1}{2}(a_j-\varepsilon_j^j+b_jV'^N_j(x(t)))^2+(b_iV'^N_j(x(t))-\varepsilon_i^j)(a_i-\varepsilon_i^i+b_iV'^N_i(x(t)))+ \frac{\mu_j^2}{2c_j}(V'^N_j(x(t)))^2+\frac{\mu_i^2}{c_i}(V'^N_i(x(t))V'^N_j(x(t)))- h_jx(t)-\delta V'^N_j(x(t))x(t) \tag{3.15}$$

根据式(3.14)、(3.15)微分方程的特点,本节推测关于$x(t)$的线性最优价值函数是HJB方程的解。故假定地区$k(k=i,j)$的价值函数$V_k^N(x(t))(k=i,j)$的具体表达式分别表示为:

$$V_i^N(x(t))=m_i+n_ix(t) \tag{3.16}$$

$$V_j^N(x(t))=m_j+n_jx(t) \tag{3.17}$$

其中$m_k(k=i,j)$、$n_k(k=i,j)$均为未知数。对式(3.16)、(3.17)分别关于$x(t)$求导可得:

$$V'^N_i(x(t))=n_i \tag{3.18}$$

$$V'^N_j(x(t))=n_j \tag{3.19}$$

将式(3.16)、(3.18)分别代入表达式(3.14)和式(3.17)、(3.19)分别代入表达式(3.15)并整理,最终得式(3.16)、(3.17)的解可分别表示为:

$$\begin{cases} n_i = -\dfrac{h_i}{r+\delta} \\ m_i = \dfrac{1}{2r}\left(a_i - \varepsilon_i^i - \dfrac{b_i h_i}{r+\delta}\right)^2 - \dfrac{1}{r}\left(\varepsilon_j^i + \dfrac{b_j h_i}{r+\delta}\right)\left(a_j - \varepsilon_j^j - \dfrac{b_j h_j}{r+\delta}\right) + \\ \dfrac{\mu_i^2 h_i^2}{2c_i r(r+\delta)^2} + \dfrac{\mu_j^2 h_i h_j}{c_j r(r+\delta)^2} \end{cases} \tag{3.20}$$

$$\begin{cases} n_j = -\dfrac{h_j}{r+\delta} \\ m_j = \dfrac{1}{2r}\left(a_j - \varepsilon_j^j - \dfrac{b_j h_j}{r+\delta}\right)^2 - \dfrac{1}{r}\left(\varepsilon_i^j + \dfrac{b_i h_j}{r+\delta}\right)\left(a_i - \varepsilon_i^i - \dfrac{b_i h_i}{r+\delta}\right) + \\ \dfrac{\mu_j^2 h_j^2}{2c_j r(r+\delta)^2} + \dfrac{\mu_i^2 h_i h_j}{c_i r(r+\delta)^2} \end{cases} \tag{3.21}$$

将式(3.20)代入式(3.18),再将式(3.18)代入式(3.10),以及将式(3.21)代入式(3.19),再将式(3.19)代入式(3.12),即可得到地区 $k(k=i,j)$ 的最优污染物排放量 $E_k^N(t)(k=i,j)$;将式(3.20)代入式(3.18),再将式(3.18)代入式(3.11),以及将式(3.21)代入式(3.19),再将式(3.19)代入式(3.13),即可得到地区 $k(k=i,j)$ 的最优环境污染治理投资量 $I_k^N(t)(k=i,j)$;将式(3.20)代入式(3.16)以及将式(3.21)代入式(3.17),即得到地区 $k(k=i,j)$ 的价值函数 $V_k^N(x(t))(k=i,j)$;将式(3.10)—(3.13)代入式(3.4),即可得到如下结果:

$$\dot{x}(t) = A - \delta x(t) \tag{3.22}$$

其中,$A = b_i\left(a_i - \varepsilon_i^i - \dfrac{b_i h_i}{r+\delta}\right) + b_j\left(a_j - \varepsilon_j^j - \dfrac{b_j h_j}{r+\delta}\right) - \dfrac{\mu_i^2 h_i}{(r+\delta)c_i} - \dfrac{\mu_j^2 h_j}{(r+\delta)c_j}$。

求解微分方程式(3.22)即可得到 $x^N(t)$。

命题 3.1 证毕。

由命题 3.1 中地区 $k(k=i,j)$ 的最优污染物排放量表达式可知,在非合作治污情况下,每个地区的最优污染物排放量会随着非累积性污染物对本地区造成的损害程度(ε_i^i 或 ε_j^j)的增加而减小,即非累积性污染物对本地区造成更多损失时,每个地区将会降低污染物排放量;随累积性污染物在瞬时污染物排放量中

所占比重 $b_k(k=i,j)$ 的增加而减少，即累积性污染物排放的增加，每个地区将会控制污染物的排放；随污染物存量损害程度 $h_k(k=i,j)$ 的加深而减少，即污染物存量对本地区产生较多损害时，每个地区将会减少污染物排放量。

由命题 3.1 中地区 $k(k=i,j)$ 的最优环境污染治理投资表达式可知，在非合作治污下，每个地区的最优环境污染治理投资随污染物存量损害程度 $h_k(k=i,j)$ 的加深而增加，即污染物存量造成损失严重，每个地区将会加大环境污染治理投资力度；随环境污染治理投资削减污染物程度 $\mu_k(k=i,j)$ 的加深而增加，即环境污染治理投资越多削减污染物的效率就越高，每个地区将会增加环境污染治理投资；随环境污染治理投资成本效率参数 $c_k(k=i,j)$ 的增加而减小，即环境污染治理投资成本越高，每个地区的环境污染治理投资就越少；与非累积性污染物排放造成的损害无关，即非累积性污染物造成的损害对环境污染治理投资没有影响，这主要是因为每个地区进行环境污染治理投资的主要目的是降低污染物存量。

由命题 3.1 中地区 $k(k=i,j)$ 在非合作框架下的最优价值函数表达式可知，每个地区的最优收益将会随着非累积性污染物对本地区损害程度（ε_i^i 或 ε_j^j）的加深而减少，即非累积性污染物对本地区造成更多损失时，每个地区的收益将会减少；随相邻地区的非累积性污染物对本地区损害程度（ε_j^i 或 ε_i^j）的加深而减少，即相邻地区的非累积性污染物对本地区产生较多破坏时，每个地区的收益将会减少；随累积性污染物在污染物排放量中的比重 $b_k(k=i,j)$ 的增大而减少，即累积性污染物排放量增加时，每个地区的收益将会减少；随着其相邻地区遭受的污染物存量损害程度 $h_k(k=i,j)$ 的加深而增加，即污染物存量对相邻地区造成较多损害时，每个地区的收益都将会增加。

由命题 3.1 中污染物存量 $x^N(t)$ 随时间 t 动态变化的函数表达式可得到：当 $t\to+\infty$ 时，$\lim\limits_{t\to+\infty} x^N(t)=\lim\limits_{t\to+\infty}\left[\left(x_0-\dfrac{A}{\delta}\right)e^{-\delta t}+\dfrac{A}{\delta}\right]=\dfrac{A}{\delta}$，即非合作治污情况下的污染物存量趋于$\dfrac{A}{\delta}$，由此可得命题 3.2。

命题 3.2　两相邻地区间进行非合作治污情况下污染物存量 $x^N(t)$ 随时间 t 推移的最优动态路径受到初始污染物存量 x_0 的影响较大，主要分为以下三种情况：①当初始污染物存量 $x_0<\frac{A}{\delta}$ 时，污染物存量 $x^N(t)$ 随着时间的推移呈上升趋势；②当初始污染物存量 $x_0=\frac{A}{\delta}$ 时，污染物存量 $x^N(t)$ 不随时间的变化而变化；③当初始污染物存量 $x_0>\frac{A}{\delta}$ 时，污染物存量 $x^N(t)$ 随着时间的推移呈下降趋势。（图 3.2）

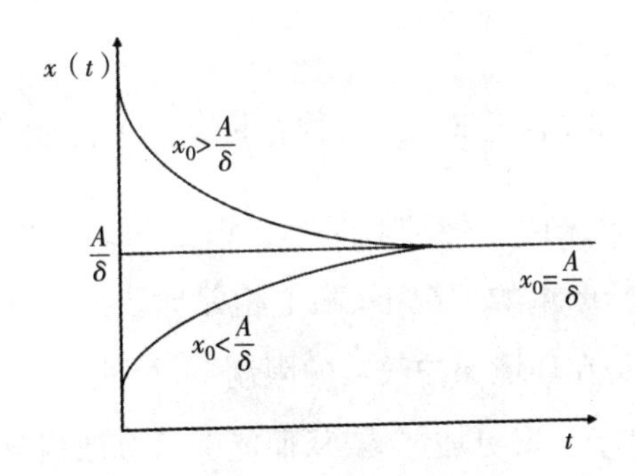

图 3.2　污染物存量 $x^N(t)$ 受初始存量 x_0 影响的动态变化

证明：对 $x^N(t)$ 关于时间 t 求一阶偏导数可得，$(x^N(t))'=-\delta\left(x_0-\frac{A}{\delta}\right)e^{-\delta t}$。显然，当初始污染物存量 $x_0<\frac{A}{\delta}$ 时，$(x^N(t))'>0$，$x^N(t)$ 单调递增，即污染物存量 $x^N(t)$ 随着时间的推移呈上升趋势；当初始污染物存量 $x_0=\frac{A}{\delta}$ 时，$(x^N(t))'=0$，$x^N(t)$ 为恒值，即污染物存量 $x^N(t)$ 不随时间的变化而变化；当初始污染物存量 $x_0>\frac{A}{\delta}$ 时，$(x^N(t))'<0$，$x^N(t)$ 单调递减，即污染物存量 $x^N(t)$ 随着时间的推移，污染物存量 $x^N(t)$ 呈下降趋势。

命题 3.2 证毕。

由命题 3.2 可知，当初始污染物存量 $x_0<\frac{A}{\delta}$时，随着时间的推移，污染物存量 $x^N(t)$呈上升趋势，这主要是因为在非合作治污情况下，每个地区更多关注自身的利益，倾向于追求经济发展，忽视了环境保护的投入，从而使得污染物存量不断上升，显然此时非合作治污不利于改变环境污染的形势。这也说明地方政府在经济发展中更加重视局部利益而忽视整体利益，特别是区域性生态环境保护与追求经济发展的利益冲突时，地方政府会遵循“最大化自身利益”与有限理性的基本原则来决定其各种行为，甚至倾向于选择一些会造成负外部性环境影响的活动，使得正外部性行为的供给显得明显缺乏，最终可能致使“公地悲剧”的严重后果。

当初始污染物存量 $x_0=\frac{A}{\delta}$时，污染物存量 $x^N(t)$不会随着时间的推移而发生变化，即污染物存量保持一种动态平衡。由于初始污染物存量达到一定程度，尤其是环境污染较严重的情况下，两个相邻地区虽然在环境污染治理方面未达成合作共识，但是在环境保护政策的限制下，可能会采取相应措施，以期保证环境污染形势不至于变得更加严峻，从而能够符合政府规定的区域环境质量的相应指标。

当初始污染物存量 $x_0>\frac{A}{\delta}$时，随着时间的推移，污染物存量 $x^N(t)$呈下降趋势。此时，当环境保护的相对重要程度加深时，地方政府在经济发展到一定程度时，更加重视环境保护，从而使得环境质量不断改善。这一现象也间接地证实了环境库兹涅茨曲线(倒“U”形曲线)的假说：自然生态环境的质量与经济发展的水平间表现为“U”形关系，即随着任一国家或者地区的经济发展水平持续提高，该国家或者地区的生态环境质量首先会出现逐渐下降甚至恶化的现象，随后达到极点之后，最终会表现为连续上升的状态。因此，地方政府在经济发展过程中的行动选择也会发生转变，即从纯粹谋求经济增长而漠视环境保护转变为实现经济增长和环境保护的共赢。

总之，环境污染是自然界和人类从事的各种活动所直接或间接产生污染物的数量及强度,超过生态环境的承载力及自净能力,使得生态环境质量持续恶化。为了加快构建关于生态文明的系统性制度体系以及有效约束各种利用自然资源的行为,我国政府在《关于加快推进生态文明建设的意见》中明确指出:地区在经济发展中要确立底线思维,即设定自然资源消耗的上限、严守生态环境质量的底线及坚守生态环境保护的红线,最终将各类自然资源的开发活动严格控制在环境承载力的范围内。自然资源环境承载力以环境容量为核心,以提供人类健康生存所需的基本环境质量为宗旨,保证人类在追求经济社会快速发展中造成的各种负面的环境影响在环境承载能力的临界值范围内。因此,随着我国生态文明建设步伐的推进,各地方政府应该树立顺应自然与保护自然的生态文明观念,加速构建以环境承载力为中心的社会经济发展模式。在这种背景下,在一定时期内一定空间范围的水、气、土壤等自然环境能够在维持其自然状态和功能不受损害、人类健康不受伤害的前提下,容纳由自然和人类活动所产生的污染物排放量,使得污染物存量将保持在环境容量之内,最终能够实现一种动态平衡。

3.4　地区间合作治污下地方政府的最优策略

当两个相邻地区通过相互协商等手段达成协议,合作治理跨界环境污染问题时,两个地方政府以共同利益最大化为重要目标,追求并制定双方共同最优的污染物排放量、环境污染治理投资等环境治理策略。故两个相邻地区获得共同收益最大化的联合目标函数和约束条件可具体描述为:

$$
W^C = \max_{\substack{E_i(t),I_i(t)\\E_j(t),I_j(t)}} \int_0^{\infty} e^{-rt}\Big[(a_i - \varepsilon_i^i - \varepsilon_i^j)E_i(t) + (a_j - \varepsilon_j^j - \varepsilon_j^i)E_j(t) - \frac{E_i^2(t) + E_j^2(t)}{2} - \frac{1}{2}c_i I_i^2(t) - \frac{1}{2}c_j I_j^2(t) - (h_i + h_j)x(t)\Big]\,\mathrm{d}t
$$

$$
s.t.\begin{cases}\dot{x}(t) = b_i E_i(t) + b_j E_j(t) - \mu_i I_i(t) - \mu_j I_j(t) - \delta x(t)\\ x(0) = x_0, x(t) \geqslant 0\end{cases} \tag{3.23}
$$

其中,W^C 表示地区 i 和地区 j 的共同收益。对式(3.23)动态最优控制问题进行求解,可得到最优解的显式表达式,并且合作治污情况下的均衡结果均以上标“C”的形式表示。

命题 3.3　两个相邻地区进行合作治污时地区 $k(k=i,j)$ 的均衡结果分别具体表示如下:

①地区 $k(k=i,j)$ 的最优污染物排放量 $E_k^C(t)(k=i,j)$ 分别为:

$$E_i^C(t)=a_i-\varepsilon_i^i-\varepsilon_i^j-\frac{b_i(h_i+h_j)}{r+\delta},E_j^C(t)=a_j-\varepsilon_j^j-\varepsilon_j^i-\frac{b_j(h_i+h_j)}{r+\delta}$$

②地区 $k(k=i,j)$ 的最优环境污染治理投资 $I_k^C(t)(k=i,j)$ 分别为:

$$I_i^C(t)=\frac{\mu_i(h_i+h_j)}{c_i(r+\delta)},I_j^C(t)=\frac{\mu_j(h_j+h_j)}{c_j(r+\delta)}$$

③两相邻地区间的联合价值函数 $V^C(x(t))$ 的具体表达式为:

$$V^C(x(t))=\frac{1}{2r}\left[\left(a_i-\varepsilon_i^i-\varepsilon_i^j-\frac{b_i(h_i+h_j)}{r+\delta}\right)^2+\left(a_j-\varepsilon_j^j-\varepsilon_j^i-\frac{b_j(h_i+h_j)}{r+\delta}\right)^2+\right.$$
$$\left.\left(\frac{\mu_i^2}{c_i}+\frac{\mu_j^2}{c_j}\right)\frac{(h_i+h_j)^2}{(r+\delta)^2}\right]-\frac{h_i+h_j}{r+\delta}x(t)$$

④污染物存量 $x^C(t)$ 随时间 t 动态变化的表达式为:

$$x^C(t)=\left(x_0-\frac{B}{\delta}\right)e^{-\delta t}+\frac{B}{\delta}$$

不失一般性,令

$$B=b_i\left(a_i-\varepsilon_i^i-\varepsilon_i^j-\frac{b_i(h_i+h_j)}{r+\delta}\right)+b_j\left(a_j-\varepsilon_j^j-\varepsilon_j^i-\frac{b_j(h_i+h_j)}{r+\delta}\right)-$$
$$\frac{(h_i+h_j)\mu_i^2}{(r+\delta)c_i}-\frac{(h_i+h_j)\mu_j^2}{(r+\delta)c_j}。$$

证明:为了获得式(3.23)的动态最优控制问题的最优条件,本节同样运用 Hamilton-Jacobi-Bellman(HJB)方程进行求解。假定两相邻地区间的联合价值函数为 $V^C(x(t))$,进而满足式(3.23)的 HJB 方程为:

$$rV^C(x(t))=\max_{\substack{E_i(t),I_i(t)\\E_j(t),I_j(t)}}\left\{(a_i-\varepsilon_i^i-\varepsilon_i^j)E_i(t)+(a_j-\varepsilon_j^j-\varepsilon_j^i)E_j(t)-\right.$$

$$\frac{E_i^2(t)+E_j^2(t)}{2}-\frac{1}{2}c_iI_i^2(t)-\frac{1}{2}c_jI_j^2(t)-(h_i+h_j)x(t)\Big\}+$$

$$V'^C(x(t))[b_iE_i(t)+b_jE_j(t)-\mu_iI_i(t)-\mu_jI_j(t)-\delta x(t)] \tag{3.24}$$

由式(3.24)最大化的一阶偏导数条件得：

$$I_i^C(t)=-\frac{\mu_i}{c_i}V'^C(x(t)) \tag{3.25}$$

$$I_j^C(t)=-\frac{\mu_j}{c_j}V'^C(x(t)) \tag{3.26}$$

$$E_i^C(t)=a_i-\varepsilon_i^i-\varepsilon_i^j+b_iV'^C(x(t)) \tag{3.27}$$

$$E_j^C(t)=a_j-\varepsilon_j^j-\varepsilon_j^i+b_jV'^C(x(t)) \tag{3.28}$$

将式(3.25)—(3.28)分别代入式(3.24)并且整理可得：

$$rV^C(x(t))=\frac{1}{2}(a_i-\varepsilon_i^i-\varepsilon_i^j+b_iV'^C(x(t)))^2+\frac{1}{2}(a_j-\varepsilon_j^j-\varepsilon_j^i+b_jV'^C(x(t)))^2+$$

$$\frac{1}{2}\left(\frac{\mu_i^2}{c_i}+\frac{\mu_j^2}{c_j}\right)(V'^C(x(t)))^2-(h_i+h_j)x(t)-\delta V'^C(x(t))x(t) \tag{3.29}$$

根据式(3.29)微分方程的具体特点，本节推测 HJB 方程的解是关于 $x(t)$ 的线性最优价值函数。因此，本节假定两个相邻地区间的联合价值函数 $V^C(x(t))$ 的函数形式为：

$$V^C(x(t))=m+nx(t) \tag{3.30}$$

其中，m 、n 都是未知的常数。对式(3.30)关于状态变量 $x(t)$ 求导得：

$$V'^C(x(t)) = n \tag{3.31}$$

将式(3.30)、(3.31)分别代入式(3.29)并整理，最终式(3.30)的解为：

$$n=-\frac{h_i+h_j}{r+\delta} \tag{3.32}$$

$$m=\frac{1}{2r}\left[\left(a_i-\varepsilon_i^i-\varepsilon_i^j-\frac{b_i(h_i+h_j)}{r+\delta}\right)^2+\left(a_j-\varepsilon_j^j-\varepsilon_j^i-\frac{b_j(h_i+h_j)}{r+\delta}\right)^2+\right.$$

$$\left.\left(\frac{\mu_i^2}{c_i}+\frac{\mu_j^2}{c_j}\right)\frac{(h_i+h_j)^2}{(r+\delta)^2}\right] \tag{3.33}$$

因此,先将式(3.32)代入式(3.31),再将式(3.31)分别代入式(3.27)及式(3.28),即可得到地区 $k(k=i,j)$ 的最优污染物排放量 $E_k^C(t)\ (k=i,j)$;先将式(3.32)代入式(3.31),再将式(3.31)分别代入式(3.25)及式(3.26),即可得到地区 $k(k=i,j)$ 的最优环境污染治理投资量 $I_k^C(t)\ (k=i,j)$;将式(3.32)、(3.33)分别代入式(3.30),即可得到两相邻地区间的联合价值函数 $V^C(x(t))$;最后将式(3.25)—(3.28)代入式(3.4),可得:

$$\dot{x}(t)=B-\delta x(t) \tag{3.34}$$

其中,$B=b_i\left(a_i-\varepsilon_i^i-\varepsilon_i^j-\dfrac{b_i(h_i+h_j)}{r+\delta}\right)+b_j\left(a_j-\varepsilon_j^j-\varepsilon_j^i-\dfrac{b_j(h_i+h_j)}{r+\delta}\right)-\dfrac{(h_i+h_j)\mu_i^2}{(r+\delta)c_i}-\dfrac{(h_i+h_j)\mu_j^2}{(r+\delta)c_j}$。

求解微分方程式(3.34)得到污染物存量 $x^C(t)$ 随时间 t 动态变化的轨迹。

命题3.3证毕。

由命题3.3中地区 $k(k=i,j)$ 的最优污染物排放量表达式可知,在合作治污情况下,每个地区的最优污染物排放量与非累积性污染物对本地区的损害程度(ε_i^i 或 ε_j^j)、非累积性污染物对相邻地区的损害程度(ε_i^j 或 ε_j^i)、累积性污染物在污染物排放量中的比重 $b_k(k=i,j)$ 以及污染物存量损害程度 $h_k(k=i,j)$ 均为负相关关系,表明随着非累积性以及累积性污染物对本地区与相邻地区造成较多损失时,每个地区将会控制污染物排放量以减少污染。

由命题3.3中地区 $k(k=i,j)$ 的最优环境污染治理投资表达式可知,在合作治污情况下,每个地区的最优环境污染治理投资量与非累积性污染物的损害程度(ε_i^i 或 ε_j^j 或 ε_j^i 或 ε_i^j)无关,这是因为每个地区进行环境污染治理投资的主要目的是降低污染物存量,与非累积性污染物的损害没有影响;与本地区以及相邻地区的污染物存量损害程度 $h_k(k=i,j)$ 呈正相关关系,表明随着污染物存量造成的损害的增加,每个地区将会增加环境污染治理投资;与环境污染治理投资所削减污染物的程度 $\mu_k(k=i,j)$ 呈正相关关系,表明当单位环境污染治理投资能够减少更多污染物时，每个地区将增加环境污染治理投资；与环境污染治理投资成本效率参数 $c_k(k=i,j)$ 呈负相关关系，表明环境污染治理的成本越高，每个地区将会减少环境污染治理投资。

由命题3.3中地区间在合作治理框架下最优的联合价值函数表达式可知，地区间的总收益与非累积性污染物对本地区以及相邻地区损害程度（ε_i^i 或 ε_j^j 或 ε_j^i 或 ε_i^j）均呈负相关关系，表明当非累积性污染物对本地区以及相邻地区造成更多损害时，地区间的总收益将会下降；与累积性污染物在污染物排放量中的比重 $b_k(k=i,j)$ 呈负相关关系，表明当累积性污染物排放增加时，地区间的总收益同样会下降。

由命题3.3中污染物存量 $x^C(t)$ 在合作治污情况下随时间 t 的动态变化表达式可知，当 $t\to+\infty$ 时，$\lim\limits_{t\to+\infty}x^C(t)=\lim\limits_{t\to+\infty}\left[\left(x_0-\dfrac{B}{\delta}\right)e^{-\delta t}+\dfrac{B}{\delta}\right]=\dfrac{B}{\delta}$，即合作治污情况下的污染物存量最终将趋于稳定水平 $\dfrac{B}{\delta}$，由此可得命题3.4。

命题3.4 两相邻地区在合作治污情况下污染物存量 $x^C(t)$ 随时间 t 推移的最优动态轨迹同样受到初始污染物存量 x_0 的影响较大，主要分为以下三种具体情况：①当初始污染物存量 $x_0<\dfrac{B}{\delta}$ 时，污染物存量 $x^C(t)$ 随着时间推移呈逐渐上升趋势；②当初始污染物存量 $x_0=\dfrac{B}{\delta}$ 时，污染物存量 $x^C(t)$ 不会随时间的变化而发生改变；③当初始污染物存量 $x_0>\dfrac{B}{\delta}$ 时，污染物存量 $x^C(t)$ 随着时间推移呈逐渐下降趋势。

证明：对 $x^C(t)$ 关于时间 t 求一阶偏导数可得，$(x^C(t))'=-\delta\left(x_0-\dfrac{B}{\delta}\right)e^{-\delta t}$。显而易见，当初始污染物存量 $x_0<\dfrac{B}{\delta}$ 时，$(x^C(t))'>0$，方程式 $x^C(t)$ 为单调递增，即

污染物存量 $x^C(t)$ 随着时间的不断推移呈上升趋势；当初始污染物存量 $x_0=\frac{B}{\delta}$ 时，$(x^C(t))'=0$，方程式 $x^C(t)$ 为恒值，即污染物存量 $x^C(t)$ 不随时间的变化而发生改变；当初始污染物存量 $x_0>\frac{B}{\delta}$ 时，$(x^C(t))'<0$，方程式 $x^C(t)$ 单调递减，即污染物存量 $x^C(t)$ 随着时间的持续推移呈下降趋势。

命题 3.4 证毕。

由命题 3.4 可知，当初始污染物存量 $x_0<\frac{B}{\delta}$ 时，随着时间的推移，污染物存量 $x^C(t)$ 呈上升趋势，这反映了每个地区虽然通过协商达成合作治理环境污染的协议，但是受到经济发展情况、技术水平以及环境问题治理的重视程度等的影响，并没有取得相应的效果。这主要是当一个地区的经济发展到一定水平时，就会侧重于“环境问题”，继而注重环境保护工作并增加环境污染治理投资，这有利于实现经济的可持续发展和生态环境的可持续改善；当一个地区的经济发展水平较低时，就会倾向于“发展问题”，进而将大量资源用于经济发展以取得经济的高速发展，同时由于轻视环境保护而造成生态环境的严重破坏。类似地，为了促进各个国家积极完成全球性温室气体的减排，许多国家虽共同制定了《京都议定书》，但是其取得的实际效果并不很理想。因此，在合作框架下，地区间必须通过签订相关协议，结合生态补偿等方式，使合作方案得以有效执行，共同控制污染物排放量，特别是累积性污染物在污染物排放中所占比重较大时，更有必要降低污染物排放量，以免造成更加严重的环境污染。

当初始污染物存量 $x_0=\frac{B}{\delta}$ 时，污染物存量 $x^C(t)$ 为恒值 $\frac{B}{\delta}$，说明无论时间如何变化，污染物存量始终保持一种动态平衡状态。在污染物总量控制制度的制约下，当初始污染物存量达到某值时，两个相邻地区可能会通过区域环境污染合作治理等方式，达到减少环境污染物的排放的重要目的，从而保证区域污染物总量能够控制在一定的范围之内，最终期望区域性的环境质量能够满足政府的相关标准。

当初始污染物存量 $x_0>\frac{B}{\delta}$时，随着时间的推移，污染物存量 $x^C(t)$ 呈下降趋势。此时，由于初始污染物存量较大，两个相邻地区为了改变环境污染的严重形势，通过协商合作治理生态环境污染，加大环境污染治理的投入，从而使得污染物存量持续下降，有利于跨界生态环境污染的治理。

总之，随着我国环境保护理念逐步形成、环境保护法规和政策的实施以及环境保护资金的不断投入，每个地区在经济社会发展中应以环境的自我承载能力和自我净化能力为界限，在生态系统的自我修复和自我净化范畴内开展各类活动，一直致力于建立一种以人与自然协同发展、和谐相处为目的的生态环境发展机制。在此背景下，污染物存量能够保持在自然环境容量之内而最终达到一种动态平衡。

3.5 非合作与合作治污最优解的比较分析

命题 3.5　合作治污情况下每个地区在任一时刻的最优污染物排放量均低于非合作治污情况下的最优污染物排放量。

证明：非合作与合作治污情况下每个地区 $k(k=i,j)$ 的最优污染物排放量进行比较，可得：

$$E_i^N(t)-E_i^C(t)=\left(\varepsilon_i^j+\frac{b_i h_j}{r+\delta}\right)>0$$

$$E_j^N(t)-E_j^C(t)=\left(\varepsilon_j^i+\frac{b_j h_i}{r+\delta}\right)>0$$

命题 3.5 证毕。

由命题 3.5 可看出，合作治污情况下每个地区的最优污染物排放量低于非合作治污情况下的最优污染物排放量。这是因为每个地区在非合作治污情况下不会协调彼此之间的环境污染治理行动,而仅仅追求自身利益的最大化,更不会考虑其非累积性和累积性污染物排放对其他地区的损害,即便环境污染扩散非常严重,也不会单方面地改变此种形势,最终使得环境污染形势越来越严重。但是,在合作治污情况下,由于考虑到其非累积性污染物对相邻地区损害以及污染物存量损害的影响,每个地区会关注区域整体效用的最优,从而降低污染物排放量,实现区域整体最优的污染物排放量。更重要的是,每个地区只有在合作框架下制定环境污染治理决策时,才会考虑其非累积性污染物排放对相邻地区的损害。

命题 3.6　合作治污情况下每个地区在任一时刻的最优环境污染治理投资均多于非合作治污情况下的最优环境污染治理投资。

证明:将非合作与合作治污情况下地区 $k(k=i,j)$ 的最优环境污染治理投资进行比较,得出:

$$I_i^N(t)-I_i^C(t)=-\frac{\mu_i h_j}{(r+\delta)c_i}<0$$

$$I_j^N(t)-I_j^C(t)=-\frac{\mu_j h_i}{(r+\delta)c_j}<0$$

命题 3.6 证毕。

由命题 3.6 可见,每个地区在合作治污时的最优环境污染治理投资多于非合作治污时的最优环境污染治理投资。这主要是因为两个相邻地区通过合作治理环境污染时,要考虑污染物存量对其相邻地区的边际损害 $h_k(k=i,j)$。因此,为了提升区域整体的环境质量,每个地区就会倾向于增加环境污染治理投资,减少污染物存量,最终促进区域环境质量的改善。此外,无论是非合作治污还是合作治污,每个地区的最优环境污染治理投资均与污染物存量损害呈正相关关系,而与非累积性污染物的损害无关。

命题 3.7　合作治污情况下地区间的共同收益高于非合作治污情况下。

证明:将非合作与合作治污情况下两相邻地区间的总收益进行比较,得到

合作剩余 $V(x(t))$ 为：

$$V(x(t))=V^{C}(x(t))-(V_i^N(x(t))+V_j^N(x(t)))=$$

$$\frac{1}{2r}\left[\left[\varepsilon_i^j+\frac{b_ih_j}{r+\delta}\right]^2+\left[\varepsilon_j^i+\frac{b_jh_i}{r+\delta}\right]^2+\frac{1}{(r+\delta)^2}\left(\frac{\mu_i^2h_j^2}{c_i}+\frac{\mu_j^2h_i^2}{c_j}\right)\right]>0$$

命题 3.7 证毕。

由命题 3.7 看出，两个相邻地区进行区域环境污染治理合作时，能够增加整个区域的收益。这主要是因为各个地区通过协商等方式实现环境污染合作治理时，虽然每个地区在经济发展状况、环境保护重视程度以及污染治理技术情况等方面存在一定差异，但有利于整个区域各种资源的合理配置与优化运用，最终能够获得区域整体的环境经济效益的最大化。此外，合作剩余与非累积性污染物对相邻地区损害程度、累积性污染物在污染物排放量中的比重以及污染物存量损害程度，均为正相关关系，而与非累积性污染物对本地区损害程度无关，表明非累积性污染物对相邻地区造成较大损害时，两相邻地区的合作剩余将会增加；累积性污染物排放量增加时，两相邻地区的合作剩余将会增加；污染物存量造成更多损害时，两相邻地区的合作剩余也将增加。

3.6　算例分析

本节运用 Matlab 计算分析工具，对地方政府的最优策略及其影响因素进行分析，以期获得有益的结论，为地方相关部门进行决策提供依据。由于两个相邻地区分别代表不同的区域，经济发展水平存在一定差异，因此地方政府进行环境治理的程度也就不同。本节在设置各项参数时充分考虑到实际情况，尽可能地符合地区经济发展的实情，因而通过对有关参数进行差异化赋值，运用数据模拟法来考察两个相邻地区非合作治污以及合作治污情况下最优的污染物排放量、环境污染治理投资以及污染物存量的动态变化等。本节对相关变量的基本参数的赋值情况如下：

两个相邻地区的效用系数分别为 $a_i=80, a_j=50$；环境污染治理投资的成本效率参数分别为 $c_i=4, c_j=2$；累积性污染物在瞬时污染物排放量中的比重分别为 $b_i=0.25, b_j=0.5$；单位环境污染治理投资所能削减污染物的程度分别为 $\mu_i=2, \mu_j=1$；污染物存量损害程度分别为 $h_i=3, h_j=2$；非累积性污染物排放对本地区的环境损害程度分别为 $\varepsilon_i^i=0.6, \varepsilon_j^j=0.5$；非累积性污染物排放对相邻地区的环境损害程度分别为 $\varepsilon_i^j=0.4, \varepsilon_j^i=0.25$；初始污染物存量为 $x_0=20$；污染物自然分解率为 $\delta=0.2$；折现率为 $r=0.05$。

3.6.1 地区的最优策略及总收益的对比分析

由表3.1可知，在非合作治污情况下，地区 i 的最优污染物排放量 $E_i^N(t)$ 为76.4，地区 j 的最优污染物排放量 $E_j^N(t)$ 为45.5，而在合作治污情况下，地区 i 的最优污染物排放量 $E_i^C(t)$ 为74，地区 j 的最优污染物排放量 $E_j^C(t)$ 为39.25。故非合作治污情况下的污染物排放量高于合作治污情况下的污染物排放量。因此，无论任何一个地区，只要通过区域合作方式控制环境污染，都会减少污染物排放量，显然合作治理有利于提升区域整体的环境质量。此外，在非合作治污情况下，地区 i 的最优环境污染治理投资 $I_i^N(t)$ 为6，地区 j 的最优环境污染治理投资 $I_j^N(t)$ 为4，而在合作治污情况下，地区 i 的最优环境污染治理投资 $I_i^C(t)$ 为10，地区 j 的最优环境污染治理投资 $I_j^C(t)$ 为16。由此得出，任一个地区在合作治污情况下均会增加环境污染治理投资，显然区域合作环境治理方式有助于创造更加优良的环境质量。此算例验证了命题3.5和命题3.6的结论。

图3.3表明，无论在任何时间，两相邻地区在合作治污情况下的总收益均高于非合作治污情况下的总收益，并且合作剩余为1 808.225，这也符合群体理性的条件，说明两个地区合作治理环境污染更有利于改善环境质量，增加双方共同的收益。此算例验证了命题3.7的结论。

表 3.1 地区间非合作与合作治污情况下环境治理策略以及收益情况

	非合作治污情况下		合作治污情况下	
	地区 i	地区 j	地区 i	地区 j
污染物排放量	76.4	45.5	74.0	39.3
污染治理投资	6.0	4.0	10.0	16.0
污染治理总收益	$V^N(x(t))=74\ 357.4-20x(t)$		$V^C(x(t))=76\ 165.6-20x(t)$	

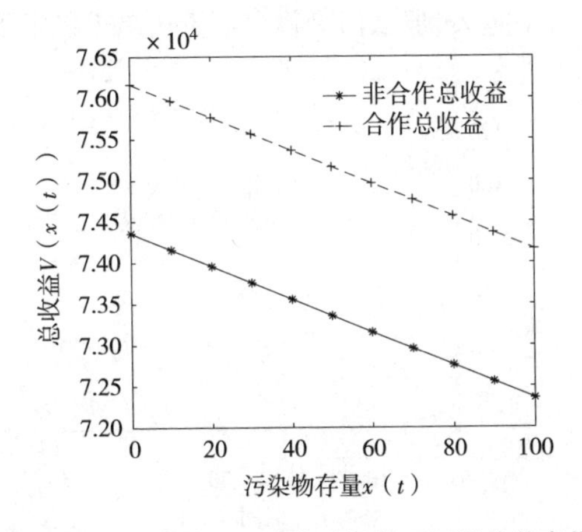

图 3.3 地区间在非合作与合作治污情况下总收益变化情况

3.6.2 污染物存量的最优轨迹分析

根据本节给定的参数,污染物存量动态变化的方程式分别为:非合作治污情况下的污染物存量动态变化的表达式为:$x(t)=-109.25e^{-0.2t}+129.25$;合作治污情况下的污染物存量动态变化的表达式为:$x(t)=9.375e^{-0.2t}+10.625$。此外,由于合作治污情况下污染物存量的最优动态轨迹受各因素的影响情况类似于非合作治污情况下污染物存量的最优动态轨迹受各因素的影响情况,本节仅对非合作治污情况下污染物存量的最优动态轨迹进行具体分析。

由图 3.4(a)说明,随着时间的不断推移,无论是非合作治污还是合作治污情况下,污染物存量的最优轨迹均不断发生变化,最终均趋于稳定状态。但是,任一时刻,合作治污情况下的污染物存量均低于非合作治污情况下的污染物存量,表明地区间通过合作方式进行治理环境污染时,有利于降低污染物存量,显著提升整个区域的环境质量。

由图3.4(b)表明,污染物存量的最优轨迹在非合作治污情况下受不同初始污染物存量的影响,呈现不同的动态变化路径,但最终均趋于相同的污染物存量。此算例验证了命题3.2的结论。

由图3.4(c)表明,污染物存量的最优轨迹在非合作治污情况下受不同自然分解率δ的影响,呈现多样化的动态变化路径,但最终均趋于相同的污染物存量。如果自然分解率越大,那么污染物存量更快趋于稳定水平。

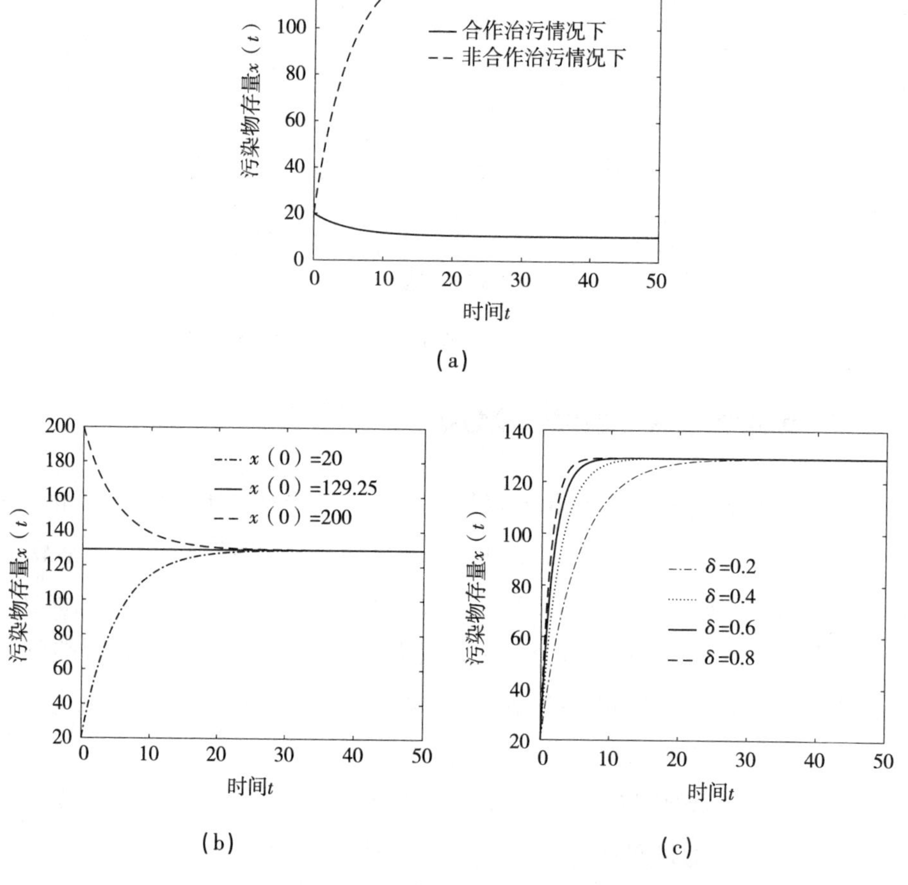

图3.4 治理方式、初始存量$x(0)$以及自然分解率δ对污染物存量最优轨迹的影响

3.6.3 最优污染物排放量分析

由命题3.1和命题3.3可知,无论是非合作治污还是合作治污情况下,每个地区都会有一个最优污染物排放量,使其效用最大化。那么,随着非累积性污染物的环境损害程度、累积性污染物在污染物排放量中的比重、污染物存量损害程度以及自然分解率的变化。图3.5为地区的最优污染物排放量在非合作治污情况下随这四个因素的变化情况,而合作治污情形下地区的最优污染物排放量与此类似,不再赘述。

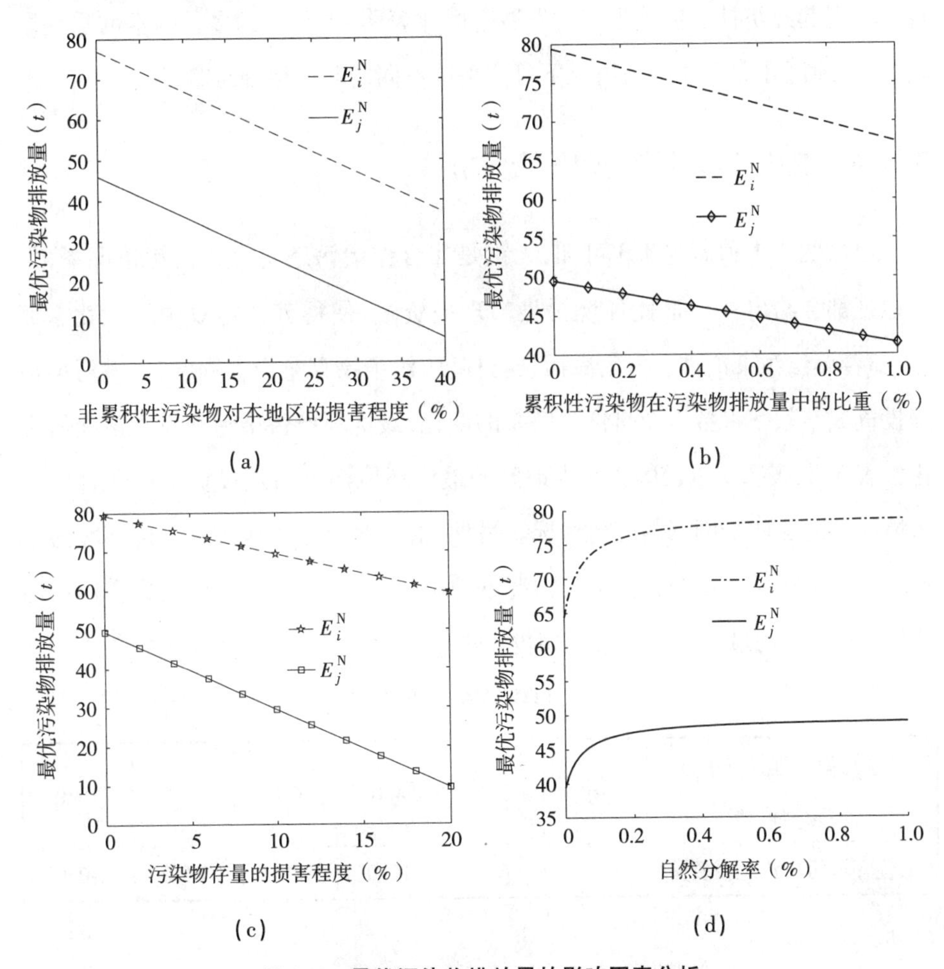

图3.5 最优污染物排放量的影响因素分析

由图 3. 5 可知,随着非累积性污染物对本地区环境损害程度、累积性污染物在污染物排放量中的比重,以及污染物存量损害程度的增加,每个地区在非合作治污情况下的最优污染物排放量将随之减少,而随着自然界中污染物的自然分解率的提升,每个地区在非合作治污情况下的最优污染物排放量将随之增加,但是此时最优污染物排放量不会一直增长,其最终会趋于稳定状态,这主要是因为在一定社会福利和经济技术水平条件下,区域的人口和经济规模不能超出其生态环境所能承载的范围,否则会导致生态环境的恶化和资源的枯竭,严重时会引起经济社会的不可持续发展。由此表明,由于受到多种因素的重要影响,每个地区在非合作治污情况下可能采取不同的环境治理策略。

3. 6. 4 最优环境污染治理投资分析

由命题 3. 1 和命题 3. 3 可知,无论是非合作治污还是合作治污情况下,每个地区都会给出一个最优环境污染治理投资量,使得其获得效用最大化。那么,随着单位污染治理投资削减污染物程度、污染物存量损害程度、环境污染治理投资成本效率参数以及自然分解率的变化,最优环境污染治理投资该如何变化? 表 3. 2、表 3. 3 以及图 3. 6 为地区的最优环境污染治理投资量在非合作治污情况下随这四个因素的变化情况。另外,由于两个相邻地区的最优环境污染治理投资量在非合作与合作治污情况下的影响因素类似,本节仅以非合作治污情形下地区 i 的最优环境污染治理投资进行分析。

表 3. 2　$I_i^N(t)$ **随参数** μ_i **的变化情况**

单位污染治理投资削减污染物程度	μ_i	2. 0	4. 0	6. 0	8. 0	10. 0
最优环境污染治理投资量	$I_i^N(t)$	6. 0	12. 0	18. 0	24. 0	30. 0

表 3.3 $I_i^N(t)$ 随参数 h_i 的变化情况

污染物存量损害程度	h_i	2.0	3.0	5.6	7.6	9.6
最优环境污染治理投资量	$I_i^N(t)$	4.0	6.0	11.2	15.2	19.2

由表 3.2 和表 3.3 可知，随着单位污染治理投资削减污染物程度、污染物存量损害程度的增加，最优环境污染治理投资量将随之增加。这表明每个地区在开展环境污染治理投资时，若投资效率越高，该地区治理环境污染的积极性就越强，这会加大环境污染治理投资；但如果污染物存量对此地区造成的损失越多，那么该地区将增加环境污染治理投资。

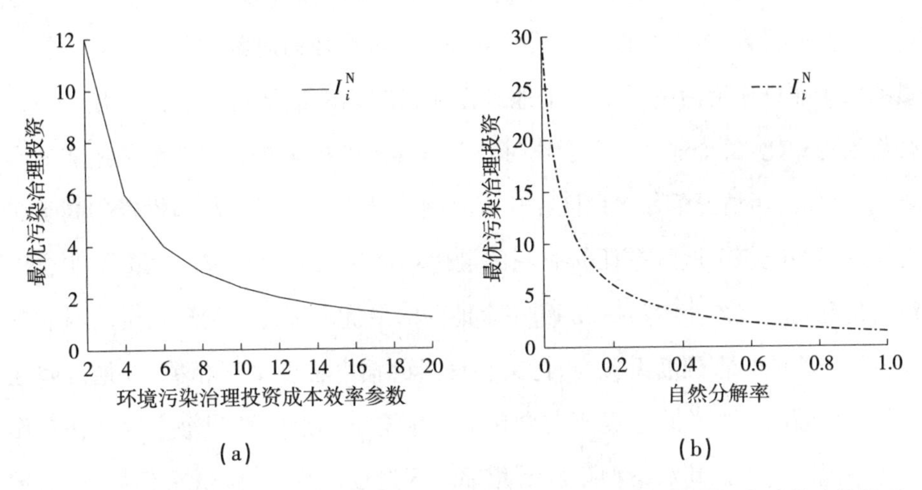

图 3.6 最优环境污染治理投资随污染治理投资成本效率参数及自然分解率的变化情况

由图 3.6 可知，随着环境污染治理投资成本效率参数、自然分解率的提升，最优环境污染治理投资量将随之下降。这表明每个地区在开展环境污染治理投资时，若环境污染治理投资成本越高，该地区治理环境污染的积极性将越低，随之会减少环境污染治理投资。此时，中央政府为了达到环境保护的目的，必须制定与完善环境保护相关的法规与政策，促使地方政府加大环境污染治理的力度；若污染物的自然分解率越高，每个地区将降低环境污染治理投资量，但污染物存量如果超出了生态环境的承载能力,就必须要增加环境污染治理投资。

3.7 本章小结

本章基于多种污染物(非累积性和累积性污染物)对环境造成不同损害条件下,运用最优控制理论与方法构建了两个相邻地区关于跨界污染控制博弈模型,分析不同地区在非合作和合作治污两种情况下的最优环境污染治理策略,包括最优污染物排放量、环境污染治理投资,同时考察了非累积性污染物和累积性污染物损害程度对均衡结果,以及初始污染物存量对污染物存量动态变化的影响,并对两种治污模式下的最优解进行了比较与分析。

研究结果表明:①合作治污情况下每个地区在任何时刻的最优污染物排放量均低于非合作治污情况下每个地区在任何时刻的最优污染物排放量。与非合作治污相比,每个地区仅在合作时才考虑其污染物排放对相邻地区造成的影响;②合作治污情况下每个地区在任何时刻的最优环境污染治理投资均高于非合作治污情况每个地区在任何时刻的最优环境污染治理投资。无论是非合作治污情况下还是合作治污情况下,每个地区的最优环境污染治理投资均与非累积性污染物的损害程度无关,与污染物存量的损害程度呈正相关;③地区间在合作治污情况下的总收益高于非合作治污情况下的总收益。每个地区在合作治污情况下要考虑其污染物排放对相邻地区造成的损害,降低污染物排放,增加共同收益;④无论是非合作治污情况下还是合作治污情况下,污染物存量的动态变化都会受到初始污染物存量高低的重要影响。每个地区在面对环境问题与经济发展问题时,关注的重点具有差异,使污染物存量表现出较大的变化,但最终趋于稳定状态。但是,本章在研究时未考虑到排污权交易和联合执行(JI)机制等因素,而如果将这些因素纳入研究之中会非常有意义,这也是我们进一步研究的方向。

4 考虑多种污染物损害和生态补偿的跨界污染治理策略

随着我国城市化及工业化进程的不断加快，环境污染形势日趋严峻，特别是当前以石油、煤炭、天然气等化石燃料为主的常规能源在使用过程中会产生多种污染物，造成差异性环境问题。为此，我国政府先后制定和实施了一系列重大的环境保护政策，但效果不如人意，其主要原因是生态环境污染常常表现出区域特性、流动特性以及跨界特性等显著特点，而作为治污决策主体的地方政府在治污过程中常常只考虑本地区的利益，几乎不会考虑本地区污染物排放对其他地区的影响。因此，处理好区域间生存权、发展权与环境权的矛盾，促进整个区域的协调和可持续发展，是我国加快推进生态文明建设的关键，特别是在多种污染物共同存在且造成差异化损害的情况下。此时，生态补偿作为一种经济激励手段，可有效解决生态环境资源开发与应用过程中的“搭便车”问题，已经被重视。党的十八大报告指出，要加快建立反映市场供求和资源稀缺程度、体现生态价值和代际补偿的生态补偿制度，随后党的十九大报告指出，要加快建立市场化、多元化生态补偿机制。鉴于此，本章基于多种污染物（非累积性和累积性污染物）对环境造成差异化损害与生态补偿机制的视角，运用最优控制理论与方法构建了一个由受偿地区和补偿地区组成的、两个相邻地区关于跨界污染最优控制博弈模型，分析各地区在 Stackelberg 非合作和合作治理博弈两种情况下跨界污染合作治理策略，包括污染物排放量、环境污染治理投资以及生态补偿系数等，探讨污染物存量以及环境污染治理投资存量的动态变化，并对这两种情况下的最优解进行了比较与分析。

4.1 问题描述

当前随着我国加快推进生态文明建设，地方政府将重视环境保护工作，逐步加大对环境污染治理的投资力度。但是，跨界污染一般会涉及多个地区，而每个地区在处理经济发展和环境保护之间的利益冲突时，基本上都以自身利益的最大化为中心，直接或间接地超标排放污染物，进而对其他地区产生负外部性。因此,跨界环境污染治理的关键问题是各地方政府间如何通过运用生态补偿、合作收益分配等方式打破联合行动的困境,鼓励各地区选择跨域环境治理模式,促使地方政府合作治理环境污染。鉴于此,本章假定两个相邻地区均会排放两种污染物:一种是非累积性污染物,比如二氧化硫、悬浮颗粒等,将让本地区以及相邻地区产生短期性的区域性生态环境问题;另一种是累积性污染物,比如氯氟烃、氧化亚氮等,将增加到现有环境存量中并不断累积,最终会导致全球变暖等一系列长期性的全球生态环境问题。在这种情形下,为了降低污染物对生态环境的损害,两个地方政府均决定对污染物进行治理,而治理方式主要有两种:一种是 Stackelberg 非合作治理博弈,即一个地方政府以自身利益的最大化为中心,单独对本地区的环境进行治理投资,但是其环境治理投资具有显著的溢出效应,能使另一个地区获益,于是,另一个地方政府同样以自身效用最大化为原则,根据该相邻地区的环境污染治理投资的力度对其进行生态补偿,以激励其加大环境污染治理投资力度(图 4.1);另一种是合作治理博弈,即两个相邻地区通过自愿协商的方式治理区域环境,实现区域整体利益的最大化(图 4.2)。

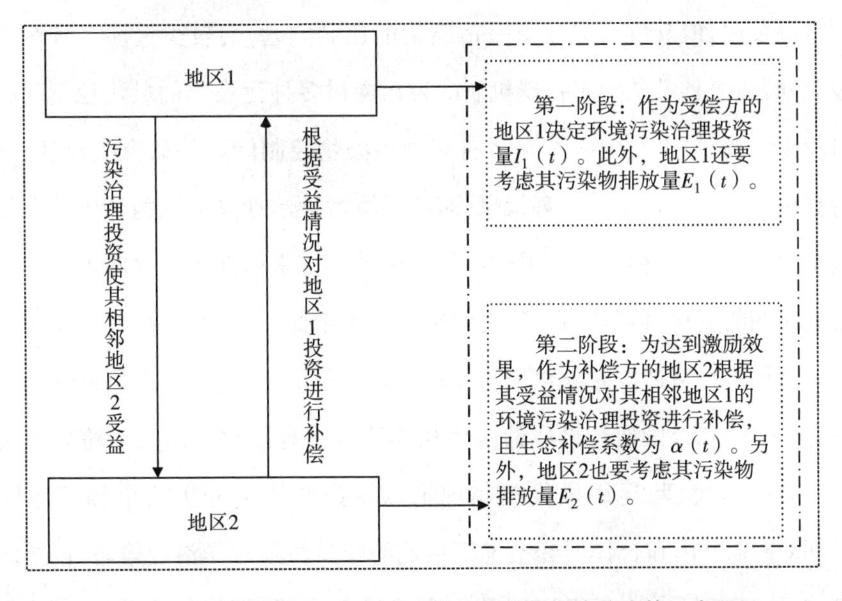

图 4.1　地区间 Stackelberg 非合作治理跨界污染的决策示意图

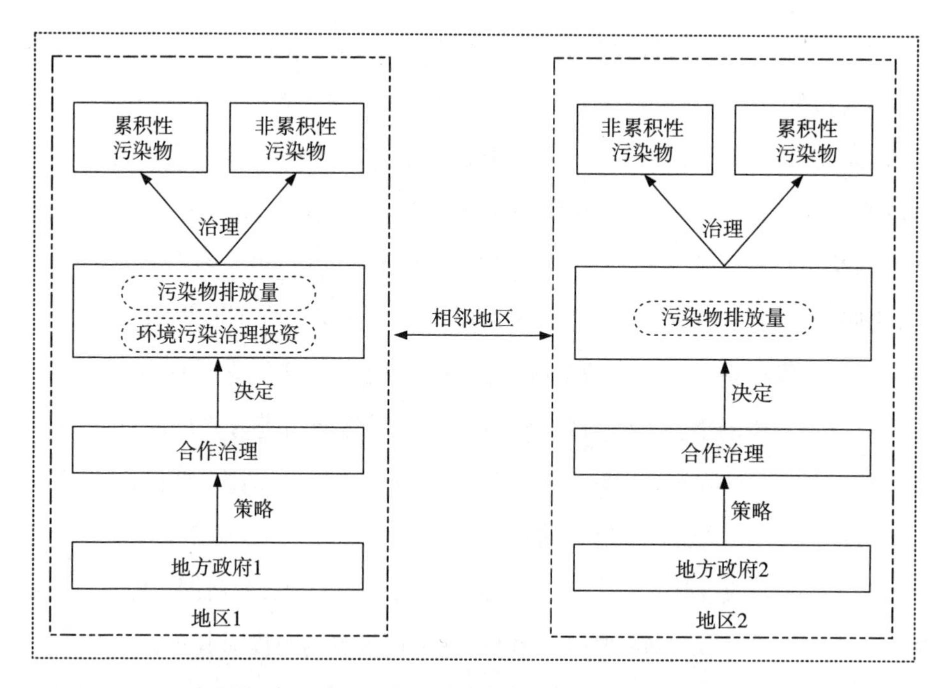

图 4.2　地区间合作治理跨界污染的决策示意图

通过对现有文献的回顾和梳理,本文认为:跨界污染问题已引起国内外学者的普遍关注,但其重点关注单一污染物的控制问题,而较少关注多种污染物的控制问题,尤其是从生态补偿机制的视角探讨多种污染物的最优控制问题的相对较少。同时,少数国内外学者对多种污染物控制问题的研究主要从税收、排污权许可等方面讨论其治理策略,而从环境污染治理投资视角分析其合作治理策略的较少,更是很少考虑瞬时污染排放量中非累积性污染物和累积性污染物组成比例的变化对环境治理策略的影响。鉴于此,基于非累积性污染物和累积性污染物对环境造成差异化损害以及生态补偿机制的视角,本章通过构建一个由受偿地区和补偿地区组成的两个相邻地区在有限时间内关于跨界污染最优控制的博弈模型,运用最优控制理论以及数值仿真分析两个相邻地区在Stackelberg 非合作和合作博弈情况下最优的跨界污染合作治理策略,包括污染物排放量、环境污染治理投资以及生态补偿系数等,探讨污染物存量以及环境污染治理投资存量的动态变化情况,讨论影响最优跨界污染合作治理策略的因素,以期为地方政府间制定跨区域生态补偿的长效机制提供一定的理论依据。

4.2　模型构建

①生态补偿机制。根据《河北蓝皮书:河北经济社会发展报告(2017)》,2005 年北京开始每年投入 2 000 万元的专项资金对河北进行生态补偿,改善水源涵养地生态环境。根据《2015 年北京市环境状况公报》,北京市支持河北省的廊坊市、保定市进行大气污染治理的资金达 4.6 亿元,专项用于燃煤污染的治理。2015 年,北京市对河北省承德市的生态补偿通过市场化的手段开始实施,即启动跨区域碳排放交易试点工作。因而,本章主要考虑无行政隶属关系的两个相邻地区存在的跨界污染问题,且其经济发展水平存在明显差异,即地区 1 的经济发展水平较低,而地区 2 的经济发展水平较高。为了治理跨界环境污染,本章构建地区 1 作为受偿方和地区 2 作为补偿方的生态补偿机制。具体地说,地区 1 通过清洁生产、技术改造、节能降耗等多种方式进行环境污染治理投资,减少污染物排放量,使得本地区的环境质量有了显著提升,同时明显改善相邻地区 2 的环境质量。此时,根据"谁受益,谁补偿"的原则,地区 2 必须对地区 1 进行生态补偿,以激励其进行更多的环境污染治理投资。为方便分析,本章仅考虑地区 2 作为地区 1 的环境污染治理投资的受益方,不考虑地区 2 的环境污染治理投资行为,且作为补偿方的地区 2 主要根据受偿方地区 1 的环境污染治理投资强度,对其进行生态补偿,继而令生态补偿系数为 $\alpha(t)$,并且满足 $0<\alpha(t)<1$。

②非累积性和累积性污染物损害。地区 $i(i=1,2)$ 在时间 $t\in[0,T]$时的

生产量为 $q_i(t)\geqslant 0(i=1,2)$，而其在制造产品时会排放一定的污染物，用 $E_i(t)\geqslant 0(i=1,2)$ 表示地区 $i(i=1,2)$ 在时间 $t\in[0,T]$ 时的污染排放量。本章考虑单一污染源产生多种污染物，即非累积性污染物和累积性污染物，而非累积性污染物主要是对本地区以及相邻地区造成损失，如工业企业生产排放的悬浮颗粒、二氧化硫等将造成短期性区域生态环境问题，累积性污染物则会造成长期性全球生态环境问题，如工业企业生产排放的氯氟烃、氧化亚氮等将导致全球性环境问题[80,128]。鉴于此，假定地区 1 排放的非累积性污染物对本地区造成的环境损害为 $\varepsilon_1^1E_1(t)$，对其相邻地区 2 造成的环境损害为 $\varepsilon_1^2E_1(t)$，而地区 2 排放的非累积性污染物对本地区造成的环境损害为 $\varepsilon_2^2E_2(t)$，对其相邻地区 1 造成的环境损害为 $\varepsilon_2^1E_2(t)$，其中 $\varepsilon_i^i>0(i=1,2)$ 表示地区 $i(i=1,2)$ 在生产过程中非累积性污染物排放对本地区的环境损害程度，$\varepsilon_i^{3-i}>0(i=1,2)$ 表示地区 $i(i=1,2)$ 在生产过程中非累积性污染物排放对其相邻地区的环境损害程度，且满足 $\varepsilon_1^2>\varepsilon_2^1$。

③收益函数。众所周知，污染物是工业产品的副产品。在给定生产技术水平的条件下，本章在借鉴 List 和 Benchekroun 等的基础上，假定工业生产量和污染物排放量呈正相关，即具体表示为：

$$q_i(t)=F_i(E_i(t)) \tag{4.1}$$

每个地区均可通过工业生产获得一定的收益 $U_i(q_i(t))(i=1,2)$，且收益函数可表示为瞬时污染排放量 $E_i(t)(i=1,2)$ 的函数，后者是关于 $E_i(t)(i=1,2)$ 的二次递增凹函数。此外，$U'(0)=+\infty$，即零产量是无任何收益的。为便于分析，本章在参考 Nkuiya 等的基础上，将地区 $i(i=1,2)$ 的收益函数 $U_i(q_i(t))(i=1,2)$ 表示为：

$$U_i(q_i(t))=U_i(F_i(E_i(t)))=b_iE_i(t)-\frac{1}{2}E_i^2(t) \tag{4.2}$$

其中，$b_i(i=1,2)$ 表示地区 $i(i=1,2)$ 的效用系数，即当生产收益达到最大值时污染物排放量的取值，且 $0 \leqslant E_i(t) \leqslant b_i(i=1,2)$。

④环境污染治理投资。用 $I_1(t)$ 表示地区 1 的环境污染治理投资量，而环境污染治理投资需投入大量的人力、物力以及技术，继而产生环境污染治理成本。根据 Jorgensen 等的研究，本章将地区 1 的环境污染治理投资成本的函数具体表示为：

$$C_1(I_1(t)) = \frac{1}{2}c_1 I_1^2(t) \tag{4.3}$$

其中，$c_1>0$ 表示地区 1 的环境污染治理投资成本系数。与此同时，随着时间的推移，地区 1 的环境污染治理投资的存量 $K(t)$ 服从以下的标准动态变化的过程：

$$\dot{K}(t) = I_1(t) - \varphi K(t), K(0) = K_0 \geqslant 0, K(t) \geqslant 0 \tag{4.4}$$

其中，$\varphi>0$ 表示不变的资本折旧率。$K_0 \geqslant 0$ 表示地区 1 的初始环境污染治理投资存量。另外，随着环境污染治理投资项目的不断增加，两个相邻地区都将因环境质量的明显提升而受益，因此，本章假定地区 $i(i=1,2)$ 的环境治理收益系数为 $\beta_i(t)>0(i=1,2)$。

⑤污染物存量的动态方程。污染物存量 $x(t)$ 的变化服从如下的动态过程：

$$\dot{x}(t) = a_1 E_1(t) + a_2 E_2(t) - \delta x(t), x(0) = x_0, x(t) \geqslant 0 \tag{4.5}$$

其中，$\delta>0$ 为污染物的自然分解率；$x_0>0$ 为初始污染物存量；$\alpha_i>0(i=1,2)$ 表示地区 $i(i=1,2)$ 的累积性污染物排放量占瞬时污染物排放量的比重。同时，在借鉴 Masoudi 等的研究理论的基础之上，本章假定地区 $i(i=1,2)$ 遭受到污染物存量的损失 $D_i(x(t))(i=1,2)$ 表示为：

$$D_i(x(t)) = h_i x(t), D_i(0) = 0, i=1,2 \tag{4.6}$$

其中，$h_i>0(i=1,2)$ 表示地区 $i(i=1,2)$ 遭受污染物存量的损害程度。

⑥目标函数。地区 $i(i=1,2)$ 收益最大化的目标函数以及约束条件可分别表示为：

$$W_1 = \max_{E_1(t), I_1(t)} \int_0^T e^{-rt} [U_1(q_1(t)) + \beta_1(t) K(t) - (1 - \alpha(t)) C_1(I_1(t)) - \varepsilon_1^1 E_1(t) - \varepsilon_2^1 E_2(t) - D_1(x(t)) \mathrm{d}t$$

$$W_2 = \max_{E_2(t), \alpha(t)} \int_0^T e^{-rt} [U_2(q_2(t)) + \beta_2(t) K(t) - \alpha(t) C_1(I_1(t)) - \varepsilon_2^2 E_2(t) - \varepsilon_1^2 E_1(t) - D_2(x(t))] \mathrm{d}t$$

$$s.t. \begin{cases} \dot{K}(t) = I_1(t) - \varphi K(t), K(0) = K_0 \geqslant 0 \\ \dot{x}(t) = a_1 E_1(t) + a_2 E_2(t) - \delta x(t), x(0) = x_0 \geqslant 0 \end{cases} \tag{4.7}$$

其中,$r>0$ 为折现系数,$W_i(i=1,2)$为地区 $i(i=1,2)$的收益值。地区 1 的目标函数中控制变量为 $E_1(t)$ 和 $I_1(t)$,状态变量为 $K(t)$ 和 $x(t)$,而地区 2 的目标函数中控制变量为 $E_2(t)$ 和 $\alpha(t)$,状态变量为 $K(t)$ 和 $x(t)$。

4.3 地区间有生态补偿时非合作治理下地方政府的最优策略

当两个相邻地区分别开展环境污染治理工作时,本节构建一个由地区 1 作为受偿方和地区 2 作为补偿方的 Stackelberg 非合作治理博弈模型,在给定相邻地区的环境治理策略的情况下选择自身的最优策略,以追求自身利益的最大化。因此,当地区 1 与地区 2 作为两个独立实体进行 Stackelberg 主从博弈时,博弈顺序如下:首先,作为领导者的地区 1 确定其环境污染治理投资量 $I_1(t)$,然后,作为追随者的地区 2 由于地区 1 的污染治理而受益,将根据地区 1 的环境污染治理投资情况来确定生态补偿系数 $\alpha(t)$,以激励地区 1 进行污染治理行为。故地区 $i(i=1,2)$收益最大化的目标函数以及约束条件可分别表示为:

$$W_1^N = \max_{E_1(t), I_1(t)} \int_0^T e^{-rt} \Big[b_1 E_1(t) - \frac{1}{2} E_1^2(t) + \beta_1(t) K(t) - \frac{1}{2} c_1 (1 - \alpha(t)) I_1^2(t) -$$

$$\varepsilon_1^1 E_1(t) - \varepsilon_2^1 E_2(t) - h_1 x(t) \Big] \mathrm{d}t$$

$$W_2^N = \max_{E_2(t),\alpha(t)} \int_0^T e^{-rt} \Big[b_2 E_2(t) - \frac{1}{2} E_2^2(t) + \beta_2(t) K(t) - \frac{1}{2} c_1 \alpha(t) I_1^2(t) -$$

$$\varepsilon_2^2 E_2(t) - \varepsilon_1^2 E_1(t) - h_2 x(t) \Big] \mathrm{d}t$$

$$s.t. \begin{cases} \dot{K}(t) = I_1(t) - \varphi K(t), K(0) = K_0 \geq 0 \\ \dot{x}(t) = a_1 E_1(t) + a_2 E_2(t) - \delta x(t), x(0) = x_0 \geq 0 \end{cases} \tag{4.8}$$

其中，$W_i^N(i=1,2)$表示地区 $i(i=1,2)$在有限时间 $t \in [0,T]$内 Stackelberg 非合作治理博弈情况下的收益。本节对式(4.8)动态最优控制问题进行求解，可得到最优解的显式表达式，并且 Stackelberg 非合作治理博弈情况下地区 $i(i=1,2)$的均衡结果均以上标“N”的形式表示。

命题 4.1　两相邻地区有生态补偿时 Stackelberg 非合作治理博弈情况下地区 $i(i=1,2)$的均衡结果分别表示如下：

①地区 $i(i=1,2)$最优污染物排放量 $E_i^N(t)$随时间 t 动态变化的表达式为：

$$E_i^N(t) = b_i - \varepsilon_i^i - \frac{a_i h_i}{r+\delta} [1 - e^{-(r+\delta)(T-t)}], i = 1,2 \tag{4.9}$$

且满足 $b_i \geqslant \varepsilon_i^i + \frac{a_i h_i}{r+\delta} [1 - e^{-(r+\delta)T}], i = 1,2$。

②地区 1 的最优环境污染治理投资 I_1^N 随时间 t 动态变化的表达式为：

$$I_1^N(t) = \frac{\beta_1 + 2\beta_2}{2c_1(r+\varphi)} [1 - e^{-(r+\varphi)(T-t)}] \tag{4.10}$$

③地区 2 的最优生态补偿系数 $\alpha^N(t)$为：

$$\alpha^N(t) = \frac{2\beta_2 - \beta_1}{2\beta_2 + \beta_1} \tag{4.11}$$

且满足 $0 < \frac{\beta_1}{\beta_2} \leqslant 2$。

④污染物存量 $x^N(t)$ 随时间 t 动态变化的表达式为：

$$x^N(t)=A^N+B^Ne^{-\delta t}+Z^Ne^{-(r+\delta)(T-t)} \tag{4.12}$$

其中，$A^N=\frac{1}{\delta}\sum_{i=1}^{2}\left[a_i(b_i-\varepsilon_i^i)-\frac{a_i^2h_i}{r+\delta}\right]$，$B^N=x_0-A^N-Z^Ne^{-(r+\delta)T}$，$Z^N=\frac{a_1^2h_1+a_2^2h_2}{(r+\delta)(r+2\delta)}$。

⑤环境污染治理投资存量 $K^N(t)$ 随时间 t 动态变化的表达式为：

$$K^N(t)=P^N+Q^Ne^{-\varphi t}-S^Ne^{-(r+\varphi)(T-t)} \tag{4.13}$$

其中，$P^N=\frac{\beta_1+2\beta_2}{2c_1\varphi(r+\varphi)}$，$Q^N=K_0-P^N+S^Ne^{-(r+\varphi)T}$，$S^N=\frac{\beta_1+2\beta_2}{2c_1(r+\varphi)(r+2\varphi)}$。

证明：为了获得最优控制问题的最优条件，本节运用 Pontryagin 最大值原理求解。满足式(4.8)的 Hamiltonians 函数分别为：

$$H_1=b_1E_1-\frac{1}{2}E_1^2+\beta_1K-\frac{1}{2}c_1(1-\alpha)I_1^2-\varepsilon_1^1E_1-\varepsilon_2^1E_2-h_1x+$$
$$\mu_1(I_1-\varphi K)+\theta_1(a_1E_1+a_2E_2-\delta x) \tag{4.14}$$

$$H_2=b_2E_2-\frac{1}{2}E_2^2+\beta_2K-\frac{1}{2}c_1\alpha I_1^2-\varepsilon_2^2E_2-\varepsilon_1^2E_1-h_2x+$$
$$\mu_2(I_1-\varphi K)+\theta_2(a_1E_1+a_2E_2-\delta x) \tag{4.15}$$

其中，$\mu_i(i=1,2)$、$\theta_i(i=1,2)$ 分别为状态变量 $K(t)$ 和 $x(t)$ 的共轭变量。根据 Pontryagin 最大值原理，由式(4.14)和(4.15)求得一阶必要条件分别为：

$$\begin{cases}E_1^N=b_1-\varepsilon_1^1+a_1\theta_1\\E_2^N=b_2-\varepsilon_2^2+a_2\theta_2\end{cases} \tag{4.16}$$

$$I_1^N=\frac{\mu_1}{c_1(1-\alpha)} \tag{4.17}$$

$$\alpha^N=\frac{2\mu_2-\mu_1}{2\mu_2+\mu_1} \tag{4.18}$$

$$\dot{\theta}_i=(r+\delta)\theta_i+h_i,\theta_i(T)=0,i=1,2 \tag{4.19}$$

$$\dot{\mu}_i=(r+\varphi)\mu_i-\beta_i,\mu_i(T)=0,i=1,2 \tag{4.20}$$

根据标准微分方程求解方法,分别求解式(4.19)与式(4.20)可得:

$$\theta_i=-\frac{h_i}{r+\delta}[1-e^{-(r+\delta)(T-t)}],i=1,2 \tag{4.21}$$

$$\mu_i=\frac{\beta_i}{r+\varphi}[1-e^{-(r+\varphi)(T-t)}],i=1,2 \tag{4.22}$$

将式(4.21)代入式(4.16)得式(4.9);将式(4.22)代入式(4.17)得式(4.10);将式(4.22)代入式(4.18)得式(4.11);将式(4.9)代入式(4.5)并求解得式(4.12);将式(4.10)代入式(4.4)并求解得式(4.13)。

命题4.1证毕。

由命题4.1可得到推论4.1。

推论4.1 两相邻地区间有生态补偿时Stackelberg非合作治理博弈情况下地区$i(i=1,2)$的最优策略具体分析如下:

①地区的最优瞬时污染物排放量$E_i^N(t)(i=1,2)$与效用系数b_i呈正相关关系($\partial E_i^N/\partial b_i>0$),即随着效用系数的增加,每个地区将会增加污染物排放量;与非累积性污染物排放量对本地区的环境损害程度ε_i^i、累积性污染物排放量占瞬时污染物排放量的比例a_i,以及污染物存量对本地区的损害程度h_i呈负相关关系($\partial E_i^N/\partial\varepsilon_i^i<0,\partial E_i^N/\partial a_i<0,\partial E_i^N/\partial h_i<0$),即随着非累积性污染物排放量对本地区造成较多损害、累积性污染物排放量占瞬时污染物排放量的比重较大,以及污染物存量对本地区产生较大损害时,每个地区将会减少污染物的排放量。

②地区1的最优环境污染治理投资$I_1^N(t)$与环境治理收益系数β_i呈正相关关系($\partial I_1^N/\partial\beta_i>0$),即随着环境污染治理投资项目的推进,当地区1的环境质量得到较大改善,并且地区2也获得较多的正向溢出时,地区1将会增加环境污

染治理投资；与环境污染治理投资成本系数 c_1 呈负相关关系（$\partial I_1^N/\partial c_1<0$），即当环境污染治理投资的成本较高时，地区 1 将会减少环境污染治理投资。

③地区 2 的最优生态补偿系数 $\alpha^N(t)$ 与地区 2 的环境治理收益系数 β_2 呈正相关关系（$\partial\alpha^N/\partial\beta_2>0$），即随着地区 1 的环境污染治理投资项目的推进，当地区 2 获得较多的正向溢出时，地区 2 将会增加对地区 1 的生态补偿；与地区 1 的环境治理收益系数 β_1 呈负相关关系（$\partial\alpha^N/\partial\beta_1<0$），即随着地区 1 环境污染治理投资项目的推动，当地区 2 获得较少的正向溢出时，地区 2 将会减少对地区 1 的生态补偿。由此可以看出，生态补偿系数仅与环境污染治理投资的收益系数 β_i 相关，而与效用系数 b_i、环境污染治理投资成本系数 c_1、非累积性污染物排放对本地区产生的环境损害程度 ε_i^i、累积性污染物排放量占瞬时污染物排放量的比例 a_i 以及污染物存量损害程度 h_i 等因素无关。

④非合作治理博弈情形下的污染物存量 x^N 与初始污染物存量 x_0、每个地区的效用系数 b_i 以及累积性污染物排放量占瞬时污染物排放量的比重 a_i 呈现正相关关系（$\partial x^N/\partial x_0>0$，$\partial x^N/\partial b_i>0$，$\partial x^N/\partial a_i>0$），即当初始污染物存量较高、效用系数较大以及累积性污染物排放量占瞬时污染物排放量的比重较大时，污染物存量将会增加；与非累积性污染物对本地区的环境损害程度 ε_i^i、污染物存量损害程度 h_i 呈负相关关系（$\partial x^N/\partial\varepsilon_i^i<0$，$\partial x^N/\partial h_i<0$），即当非累积性污染物以及污染物存量对本地区造成的环境损害较大时，每个地区将会采取相关措施降低污染物存量。

⑤环境污染治理投资存量 $K^N(t)$ 与初始环境污染治理投资存量 K_0、环境治理收益系数 β_i 呈正相关关系（$\partial K^N/\partial K_0>0$，$\partial K^N/\partial\beta_i>0$），即当初始环境污染治理投资存量较多、环境污染治理投资收益较多时，环境污染治理投资存量将会增加；与环境污染治理投资成本系数 c_1 呈负相关关系（$\partial K^N/\partial c_1<0$），即当环境污染治理投资的成本较高时，环境污染治理投资存量将会下降。

由命题4.1中污染物存量$x^N(t)$随时间t动态变化的表达式可知，当$t\to T$时，$\lim\limits_{t\to T}x^N(t)=\lim\limits_{t\to T}[A^N+B^Ne^{-\delta t}+Z^Ne^{-(r+\delta)(T-t)}]=A^N+Z^N+B^Ne^{-\delta T}$，即Stackelberg非合作治理博弈情况下污染物存量趋于$A^N+Z^N+B^Ne^{-\delta T}$，由此可得如下命题4.2。

命题4.2　两相邻地区有生态补偿时，Stackelberg非合作治理博弈情况下污染物存量$x^N(t)$随时间t推移的最优动态路径受到初始污染物存量x_0的影响较大，主要分为以下两种具体情况：①当初始污染物存量$x_0\leqslant A^N+Z^Ne^{-(r+\delta)T}$时，污染物存量$x^N(t)$随时间推移呈上升趋势；②当初始污染物存量$x_0>A^N+Z^Ne^{-(r+\delta)T}$时，污染物存量$x^N(t)$随时间推移呈下降趋势。

证明：①当$x_0=A^N+Z^Ne^{-(r+\delta)T}$时，$x^N(t)=A^N+Z^Ne^{-(r+\delta)(T-t)}$。此时，对$x^N(t)$关于时间$t$求一阶偏导数可得，$(x^N(t))'=(r+\delta)Z^Ne^{-(r+\delta)(T-t)}>0$，进而$x^N(t)$关于时间$t$为单调递增，即污染物存量$x^N(t)$随时间的推移呈上升趋势；② 当$x_0\neq A^N+Z^Ne^{-(r+\delta)T}$时，$x^N(t)=A^N+B^Ne^{-\delta t}+Z^Ne^{-(r+\delta)(T-t)}$。此时，对$x^N(t)$关于时间$t$求一阶偏导数可得，$(x^N(t))'=(r+\delta)Z^Ne^{-(r+\delta)(T-t)}-\delta(x_0-A^N-Z^Ne^{-(r+\delta)T})e^{-\delta t}$。因此，当$x_0<A^N+Z^Ne^{-(r+\delta)T}$时，$(x^N(t))'>0$，进而$x^N(t)$关于时间$t$为单调递增，即污染物存量$x^N(t)$随时间的推移呈上升趋势；当$x_0>A^N+Z^Ne^{-(r+\delta)T}$时，$(x^N(t))'<0$，进而$x^N(t)$关于时间$t$单调递减，即污染物存量$x^N(t)$随时间的推移呈下降趋势。

命题4.2证毕。

由命题4.2可以得到如下推论4.2。

推论4.2　两相邻地区有生态补偿时Stackelberg非合作治理博弈情况下污染物存量的最优动态轨迹分析如下：

①当初始污染物存量$x_0\leqslant A^N+Z^Ne^{-(r+\delta)T}$时，随时间的不断推移，污染物存量$x^N(t)$呈上升趋势。这主要是因为在非合作治理博弈情况下，每个地区将经济增长速度作为目标，重视自身利益的最大化，而不重视环境保护，从而导致污染物存量随时间的推移而逐渐增加。同时，较多研究也表明，随着经济的快速发

展,环境污染程度呈现先升后降的趋势。由此可见,地区间通过 Stackelberg 非合作治理博弈方式治理环境污染,很难获得良好的效果。这也充分说明地方政府通过牺牲整体的利益来达到获取局部利益的重要目的,特别是在经济发展与环境保护的矛盾中,根据自身利益最大化的原则以及有限理性的原则,地方政府将会综合考虑各因素来选择利己的各种行为,而无视其行为所带来的负外部性影响,使得其行为选择偏离社会效益最大化的目标,最终可能造成“公地悲剧”。

②当初始污染物存量 $x_0>A^N+Z^Ne^{-(r+\delta)T}$ 时,随时间的推移,污染物存量 $x^N(t)$ 表现出下降趋势。此时,初始污染物存量相对较高,这也将导致污染物存量较高,环境污染形势也较为严峻。但是,当经济发展到一定程度,环境污染事件频繁发生时,地方政府将意识到环境保护的重要性,更加重视环境保护,关注生态问题,并通过多种途径来治理环境污染,从而使得环境质量不断得到改善。这一现象同样间接证实环境库兹涅茨曲线(倒“U”形曲线)的假说:随着地区经济发展水平的持续提高,生态环境质量从总体上会表现出“先下降-到顶点-再上升”的趋势,即经济发展与环境质量之间表现为倒“U”形的关系。因此,随着地区经济和社会的快速发展以及环境保护工作不断被重视,地方政府在发展中的行为取向也会随实际情况而发生改变,即从纯粹寻求经济的快速增长,逐渐地转向探索生态环境保护和经济增长的协调发展。

4.4 地区间无生态补偿时合作治理下地方政府的最优策略

当两个相邻地区通过自愿协商等方式达成具有约束力的合作协议来共同治理跨界污染问题时,两个地方政府将以共同利益最大化为目标,推动区域环境污染的合作治理,进而考虑最优的污染物排放量、环境污染治理投资等策略。

故两个相邻地区共同收益最大化的联合目标函数和约束条件可具体描述为：

$$W^C = \max_{E_1(t),E_1(t),I_1(t)} \int_0^T e^{-rt}\Big[b_1E_1(t) - \frac{1}{2}E_1^2(t) + b_2E_2(t) - \frac{1}{2}E_2^2(t) + (\beta_1(t) + \beta_2(t))K(t) - \frac{1}{2}c_1I_1^2(t) - (\varepsilon_1^1 + \varepsilon_1^2)E_1(t) - (\varepsilon_2^2 + \varepsilon_2^1)E_2(t) - (h_1 + h_2)x(t) \Big] \mathrm{d}t$$

$$s.t. \begin{cases} \dot{K}(t) = I_1(t) - \varphi K(t), K(0) = K_0 \geqslant 0 \\ \dot{x}(t) = a_1E_1(t) + a_2E_2(t) - \delta x(t), x(0) = x_0 \geqslant 0 \end{cases} \tag{4.23}$$

其中，W^C 表示地区 1 和地区 2 的共同收益。本节对式(4.23)动态最优控制问题进行求解，可得到最优解的显式表达式，并且合作治理博弈情况下的均衡结果均以上标“C”的形式表示。

命题 4.3　两相邻地区无生态补偿时在合作治理博弈情况下地区 $i(i=1,2)$ 的均衡结果分别具体表示如下：

①地区 $i(i=1,2)$ 的最优污染物排放量 $E_i^C(t)$ 随时间 t 动态变化的表达式为：

$$E_i^C(t) = b_i - \varepsilon_i^i - \varepsilon_i^{3-i} - \frac{a_i(h_i + h_{3-i})}{r+\delta}[1 - e^{-(r+\delta)(T-t)}], i=1,2 \tag{4.24}$$

此外，注意到 $b_i(i=1,2)$ 满足 $b_i \geqslant \varepsilon_i^i + \varepsilon_i^{3-i} + \frac{a_i(h_i+h_{3-i})}{r+\delta}[1-e^{-(r+\delta)T}], i=1,2$。

②地区 1 的最优环境污染治理投资 $I_1^C(t)$ 随时间 t 动态变化的表达式为：

$$I_1^C(t) = \frac{\beta_1 + \beta_2}{c_1(r+\varphi)}[1 - e^{-(r+\varphi)(T-t)}] \tag{4.25}$$

③污染物存量 $x^C(t)$ 随时间 t 动态变化的表达式为：

$$x^C(t) = A^C + B^C e^{-\delta t} + Z^C e^{-(r+\delta)(T-t)} \tag{4.26}$$

其中，$A^C = \frac{1}{\delta}\sum_{i=1}^{2}\left[a_i(b_i - \varepsilon_i^i - \varepsilon_i^{3-i}) - \frac{a_i^2(h_i + h_{3-i})}{r+\delta}\right]$，$B^C = x_0 - A^C -$

$Z^C e^{-(r+\delta)T}, Z^C = \dfrac{(a_1^2 + a_2^2)(h_1 + h_2)}{(r + \delta)(r + 2\delta)}$。

④环境污染治理投资存量 $K^C(t)$ 随时间 t 动态变化的表达式为：

$$K^C(t) = P^C + Q^C e^{-\varphi t} - S^C e^{-(r+\varphi)(T-t)} \tag{4.27}$$

其中，$P^C = \dfrac{\beta_1+\beta_2}{c_1\varphi(r+\varphi)}, Q^C = K_0 - P^C + S^C e^{-(r+\varphi)T}, S^C = \dfrac{\beta_1+\beta_2}{c_1(r+\varphi)(r+2\varphi)}$。

证明：为了获得最优控制问题的最优条件，本节运用 Pontryagin 最大值原理求解。满足(4.23)式的 Hamiltonians 函数为：

$$H = b_1 E_1 - \frac{1}{2}E_1^2 + b_2 E_2 - \frac{1}{2}E_2^2 + (\beta_1+\beta_2)K - \frac{1}{2}c_1 I_1^2 - (\varepsilon_1^1+\varepsilon_1^2)E_1 - (\varepsilon_2^2+\varepsilon_2^1)E_2 - (h_1+h_2)x + \mu(I_1-\varphi K) + \theta(a_1E_1+a_2E_2-\delta x) \tag{4.28}$$

其中，μ、θ 分别为状态变量 $K(t)$ 和 $x(t)$ 的共轭变量。根据 Pontryagin 最大值原理，由式(4.28)可求得一阶必要条件分别为：

$$\begin{cases} E_1 = b_1 - \varepsilon_1^1 - \varepsilon_1^2 + a_1\theta \\ E_2 = b_2 - \varepsilon_2^2 - \varepsilon_2^1 + a_2\theta \end{cases} \tag{4.29}$$

$$I_1 = \frac{\mu}{c_1} \tag{4.30}$$

$$\dot{\theta} = (r+\delta)\theta + h_1 + h_2, \theta(T) = 0 \tag{4.31}$$

$$\dot{\mu} = (r+\varphi)\mu - \beta_1 - \beta_2, \mu(T) = 0 \tag{4.32}$$

根据标准微分方程求解方法，分别求解式(4.31)与式(4.32)可得：

$$\theta = -\frac{h_1+h_2}{r+\delta}[1 - e^{-(r+\delta)(T-t)}] \tag{4.33}$$

$$\mu = \frac{\beta_1+\beta_2}{r+\varphi}[1 - e^{-(r+\varphi)(T-t)}] \tag{4.34}$$

将式(4.33)代入式(4.29)得式(4.24)；将式(4.34)代入式(4.30)得式

(4.25);将式(4.24)代入式(4.5)并求解得式(4.26);将式(4.25)代入式(4.4)并求解得式(4.27)。

命题4.3证毕。

由命题4.3可得到推论4.3。

推论4.3　两相邻地区间无生态补偿时在合作治理博弈情况下地区 $i(i=1,2)$ 的均衡结果具体分析如下:

①各地区的最优瞬时污染物排放量 $E_i^C(t)(i=1,2)$ 与效用系数 b_i 呈正相关关系($\partial E_i^C/\partial b_i>0$),即随着效用系数的增加,每个地区将会增加污染物排放量;与非累积性污染物对本地区的环境损害程度 ε_i^i、非累积性污染物对相邻地区的环境损害程度 ε_i^{3-i}、累积性污染物排放量占瞬时污染物排放量的比重 a_i、污染物存量对本地区的损害程度 h_i 以及污染物存量对其相邻地区的损害程度 h_{3-i},均呈现为负相关关系($\partial E_i^C/\partial\varepsilon_i^i<0,\partial E_i^C/\partial\varepsilon_i^{3-i}<0,\partial E_i^C/\partial a_i<0,\partial E_i^C/\partial h_i<0,\partial E_i^C/\partial h_{3-i}<0$),即随着非累积性污染物排放量对本地区与相邻地区产生更多损害、累积性污染物排放量占瞬时污染物排放量的比重较大,以及污染物存量对本地区与相邻地区产生较大损害时,每个地区将会减少污染物的排放量。

②污染物存量 $x^C(t)$ 与初始污染物存量 x_0、效用系数 b_i 及累积性污染物排放量占瞬时污染物排放量的比重 a_i 呈正相关关系($\partial x^C/\partial x_0>0,\partial x^C/\partial b_i>0,\partial x^C/\partial a_i>0$),即当初始污染物存量较高、效用系数较大以及累积性污染物排放量占瞬时污染物排放量的比重较大时,污染物存量将会随之增加;与非累积性污染物排放量对本地区的环境损害程度 ε_i^i、非累积性污染物排放量对相邻地区的环境损害程度 ε_i^{3-i}、污染物存量损害程度 h_i 呈负相关关系($\partial x^C/\partial\varepsilon_i^i<0,\partial x^C/\partial h_i<0$),即当非累积性污染物排放量对本地区的环境损害以及污染物存量造成的环境损害较大时,污染物存量将会减少。

由命题4.3中污染物存量 $x^C(t)$ 随时间 t 的动态变化表达式可知,当 $t\to T$

时，$\lim\limits_{t\to T}x^C(t)=\lim\limits_{t\to T}[A^C+B^Ce^{-\delta t}+Z^Ce^{-(r+\delta)(T-t)}]=A^C+Z^C+B^Ce^{-\delta T}$，即合作治理博弈情况下的污染物存量趋于 $A^C+Z^C+B^Ce^{-\delta T}$，由此可得命题 4.4。

命题 4.4　两相邻地区间无生态补偿时在合作治理博弈情况下污染物存量 $x^C(t)$ 随时间 t 推移的最优动态路径同样受到初始污染物存量 x_0 的影响较大，主要分为以下两种情况：①当初始污染物存量 $x_0\leqslant A^C+Z^Ce^{-(r+\delta)T}$ 时，污染物存量 $x^C(t)$ 随时间推移表现为上升趋势；②当初始污染物存量 $x_0>A^C+Z^Ce^{-(r+\delta)T}$ 时，污染物存量 $x^C(t)$ 随时间推移表现为下降趋势。

证明：①当 $x_0=A^C+Z^Ce^{-(r+\delta)T}$ 时，$x^C(t)=A^C+Z^Ce^{-(r+\delta)(T-t)}$。此时，对 $x^C(t)$ 关于时间 t 求一阶偏导数可得，$(x^C(t))'=(r+\delta)Z^Ce^{-(r+\delta)(T-t)}>0$，进而 $x^C(t)$ 关于时间 t 为单调递增，即污染物存量 $x^C(t)$ 随时间的推移呈现上升趋势；②当 $x_0\neq A^C+Z^Ce^{-(r+\delta)T}$ 时，$x^C(t)=A^C+B^Ce^{-\delta t}+Z^Ce^{-(r+\delta)(T-t)}$。此时，对 $x^C(t)$ 关于时间 t 求一阶偏导数可得，$(x^C(t))'=(r+\delta)Z^Ce^{-(r+\delta)(T-t)}-\delta(x_0-A^C-Z^Ce^{-(r+\delta)T})e^{-\delta t}$。因此，当 $x_0<A^C+Z^Ce^{-(r+\delta)T}$ 时，$(x^C(t))'>0$，进而 $x^C(t)$ 关于时间 t 为单调递增，即污染物存量 $x^C(t)$ 随时间的推移呈上升趋势；当 $x_0>A^C+Z^Ce^{-(r+\delta)T}$ 时，$(x^C(t))'<0$，进而 $x^C(t)$ 关于时间 t 为单调递减，即污染物存量 $x^C(t)$ 随时间的推移呈下降趋势。

命题 4.4 证毕。

由命题 4.4 可得推论 4.4。

推论 4.4　两相邻地区无生态补偿时在合作治理博弈情况下污染物存量的最优动态路径具体分析如下：

①当初始污染物存量 $x_0\leqslant A^C+Z^Ce^{-(r+\delta)T}$ 时，随时间的推移，污染物存量表现为上升趋势。这反映出地区间虽通过自愿协商达成合作协议，共同治理区域环境污染，但由于受到地区经济与社会发展水平等各种差异的重要影响，并未取得环境污染合作治理的实际效果。这主要是因为经济水平较高的地区可能注重“环境问题”，即关注生态环境保护工作的同时谋求经济的高效发展，这就有助于达成经济发展与环境保护的协调发展，实现可持续发展。但是，经济发展

水平较落后的地区更加重视“发展问题”，将大量的财政资源投入有利于地区经济增长的领域中，以实现地区经济的快速发展。然而，经济社会发展水平较落后的地区在追求经济发展的过程中容易忽视环境保护问题，使得生态环境很可能遭到严重破坏。同样地，一些研究表明，为了实现全球温室气体的减排目标，大部分国家虽然共同签订了《京都议定书》，但并未获得较好的实践效果。因此，各个地区在合作框架下必须签订相关合作协议，同时通过生态补偿等方式，使合作方案得到有效实施，尤其是累积性污染物排放量在瞬时污染物排放量中占较大比重时，更加有必要减少污染物的排放量，以免环境污染形势更加严重。

②当初始污染物存量 $x_0>A^C+Z^Ce^{-(r+\delta)T}$ 时，随时间的推移，污染物存量表现为下降趋势。随着环境保护意识的逐渐提高、环境保护法规政策体系的逐步完善以及治理环境投入的资金不断增加，每个地区在开展经济社会活动时总是考虑到环境的承载力和净化能力，致力于构建一种人与自然环境协同发展的生态环境发展机制。特别是在污染物总量控制制度的制约下，两个相邻地区在合作框架下虽然在经济增长与环境保护的目标方面存在一定的差异，但如果初始污染物存量超出环境承载力，就需要通过区域合作来治理环境污染，加大环境污染治理的投入力度，改变严峻的环境污染形势，保证区域污染物总量控制在一定数量内，使得污染物存量逐渐减少，以满足该区域对环境质量的基本要求。

4.5 Stackelberg 非合作与合作治理下最优解的比较分析

将 Stackelberg 非合作与合作治理博弈情况下的最优解进行比较分析，可得到命题 4.5。

命题 4.5 Stackelberg 非合作与合作治理博弈情况下地区的最优解进行比较分析的结果如下：

①合作治理博弈情况下每个地区的最优污染物排放量低于 Stackelberg 非

合作治理博弈情况下每个地区的最优污染物排放量。

证明:将 Stackelberg 非合作与合作治理博弈情况下地区 $i(i=1,2)$ 的最优污染物排放量进行比较,得到:

$$E_i^N(t)-E_i^C(t)=\left\{\varepsilon_i^{3-i}+\frac{a_i h_{3-i}}{r+\delta}\left[1-e^{-(r+\delta)(T-t)}\right]\right\}>0,i=1,2$$

证毕。

由此可知,合作治理博弈情况下地区的最优污染物排放量低于 Stackelberg 非合作治理博弈情况下的最优污染物排放量。这主要是因为在 Stackelberg 非合作治理博弈情况下,每个地区仅仅以自身利益的最大化为中心,更不会考虑其非累积性污染物排放对其相邻地区的损害,使得其污染物排放量较高,最终产生严重的环境污染问题。但是,在合作治理博弈情况下,每个地区将重视区域整体利益的最大化,不仅要考虑其非累积性污染物排放对本地区造成的损害,而且要考虑其非累积性污染物排放量对相邻地区造成的损害,从而减少污染物的排放量。由此可看出,在制定环境污染治理政策时,每个地区仅仅在合作治理博弈情况下才会考虑其非累积性污染物排放量对其相邻地区造成的损害,使得其污染物排放量降低。

②合作治理博弈情况下地区的最优环境污染治理投资量高于 Stackelberg 非合作治理博弈情况下地区的最优污染治理投资量。

证明:将 Stackelberg 非合作与合作治理博弈情况下地区 1 的最优环境污染治理投资量进行比较,得到:

$$I_1^C(t)-I_1^N(t)=\frac{\beta_1}{2c_1(r+\varphi)}\left[1-e^{-(r+\varphi)(T-t)}\right]>0$$

证毕。

由此可得,合作治理博弈情况下每个地区的最优环境污染治理投资要高于 Stackelberg 非合作治理博弈情况下的最优环境污染治理投资。这主要是因为在 Stackelberg 非合作治理博弈情况下,地区在进行环境污染治理投资时,仅仅关注自身的利益,而不会考虑其环境污染治理投资对相邻地区的溢出效应。然而,在合作治理博弈情况下,地区在开展环境污染治理投资时,不仅关注给自身带来的利益,而且关注可能给相邻地区带来的利益,即关注区域整体利益的最大化。因此,为了优化和提高区域整体生态环境质量,地区就会倾向于增大环境污染治理投资。此外,还应注意到,Stackelberg 非合作与合作治理博弈下的最优环境污染治理投资的差异主要取决于环境治理的收益情况,并且均与非累积性以及累积性污染物的损害无关。

③合作治理博弈情况下的污染物存量要低于 Stackelberg 非合作治理博弈情况下的污染物存量。

证明:将 Stackelberg 非合作与合作治理博弈情况下污染物存量进行比较,可得到如下结果:

$$x^{N}(t)-x^{C}(t)=\left\{\omega+\psi\left[\frac{1}{\delta}-\frac{1}{r+2\delta}e^{-(r+\delta)(T-t)}\right]-\left\{\omega+\psi\left[\frac{1}{\delta}-\frac{1}{r+2\delta}e^{-(r+\delta)T}\right]\right\}e^{-\delta t}\right\}>0$$

其中,$\omega=\dfrac{a_1\varepsilon_1^2+a_2\varepsilon_2^1}{\delta}$,$\psi=\dfrac{a_1^2h_2+a_2^2h_1}{r+\delta}$。

证毕。

由此可看出,合作治理博弈情况下污染物存量低于 Stackelberg 非合作治理博弈情况下污染物存量。这主要是因为在 Stackelberg 非合作治理博弈情况下,每个地区仅仅以自身利益的最大化为中心,而不会考虑其排放的累积性污染物排放对相邻地区的损害,使得其污染物排放量较多,最终导致污染物存量较多。但是,在合作治理博弈情况下,每个地区将重视区域整体利益的最大化,不仅要考虑其累积性污染物排放对本地区造成的损害,而且要考虑到其累积性污染物排放对相邻地区造成的损害,从而降低污染物排放量,最终使得污染物存量较低。由此可看出,在制定环境污染治理政策时,每个地区仅在合作治理博弈情况下才会考虑其累积性污染物排放对相邻地区的损害,使得污染物存量较少。

④合作治理博弈情况下环境污染治理投资存量高于 Stackelberg 非合作治

理博弈情况下。

证明：将 Stackelberg 非合作与合作治理博弈情况下地区 1 的环境污染治理投资存量进行比较，得到：

$$K^{C}(t)-K^{N}(t)=\left\{\tau\left[\frac{1}{\varphi}-\frac{1}{r+2\varphi}e^{-(r+\varphi)(T-t)}\right]-\left\{\tau\left[\frac{1}{\varphi}-\frac{1}{r+2\varphi}e^{-(r+\varphi)T}\right]\right\}e^{-\varphi t}\right\}>0$$

其中，$\tau=\frac{\beta_1}{2c_1(r+\varphi)}$。

证毕。

由此可知，合作治理博弈情况下环境污染治理投资存量高于 Stackelberg 非合作治理博弈情况下环境污染治理投资存量。这主要是因为在 Stackelberg 非合作治理博弈情况下，每个地区仅仅以自身利益的最大化为中心，更不会考虑其环境污染治理投资给相邻地区带来的利益。但是，在合作治理博弈情况下，每个地区将重视区域整体利益的最大化，不断增加环境污染治理投资，使得环境污染治理投资存量较多。

⑤Stackelberg 非合作与合作治理博弈情况下地区间的总收益之差。

将 Stackelberg 非合作与合作治理博弈情况下地区间的总收益进行比较，得合作剩余 W 为：

$$W = W^{C}-(W_1^{N}+W_2^{N})=$$

$$\int_0^T e^{-rt}\left\{\sum_{i=1}^{2}\left[\frac{1}{2}(\varepsilon_i^{3-i})^2+\beta_i(K^{C}(t)-K^{N}(t))+h_i(x^{N}(t)-x^{C}(t))-\frac{\varepsilon_i^{3-i}a_i h_i}{r+\delta}\nu\right]-\sigma\nu^2-\varphi\gamma^2\right\}\mathrm{d}t$$

其中，$\nu=1-e^{-(r+\delta)(T-t)}$，$\gamma=1-e^{-(r+\varphi)(T-t)}$，$\zeta=\sum_{i=1}^{2}\frac{a_i^2(2h_ih_{3-i}+h_{3-i}^2)}{2(r+\delta)^2}$，$\varphi=\frac{\beta_1(3\beta_1+4\beta_2)}{8c_1(r+\varphi)^2}$。

从合作剩余 W 的表达式可看出，合作剩余与非累积性污染物对相邻地区的损害程度、累积性污染物排放量占瞬时污染物排放量的比重，以及污染物存量损害程度均相关，而与非累积性污染物对本地区的损害程度无关。

4.6　仿真分析

本节将 Matlab 作为计算分析工具，对地方政府的最优治理策略及其影响因素进行仿真分析，以期获得更多有益的结论，进而为地方相关部门的决策提供参考。本节充分考虑到地区的实际情况，对有关参数进行了差异化赋值，运用数据模拟法探讨地区在 Stackelberg 非合作以及合作治理博弈情况下最优的污染物排放量、环境污染治理投资、污染物存量以及环境污染治理投资存量的动态变化等。本节对基本参数进行如下赋值：

效用系数分别为 $b_1=30$，$b_2=50$；累积性污染物排放量在瞬时污染物排放量中的比例分别为 $a_1=0.4$，$a_2=0.5$；污染物存量损害程度分别为 $h_1=2$，$h_2=4$；非累积性污染物排放对本地区的环境损害程度分别为 $\varepsilon_1^1=0.8$，$\varepsilon_2^2=0.5$；非累积性污染物排放对相邻地区的环境损害程度分别为 $\varepsilon_1^2=0.6$，$\varepsilon_2^1=0.4$；地区开展环境治理收益系数分别为 $\beta_1=0.8$，$\beta_2=0.5$；环境污染治理投资成本系数为 $c_1=0.5$；初始污染物存量为 $x_0=400$；污染物自然分解率为 $\delta=0.1$；折现系数为 $r=0.1$；资本折旧率为 $\varphi=0.4$；初始环境污染治理投资存量为 $K_0=30$；有限时间 $T=10$。

4.6.1　最优污染物排放量分析

由命题 4.1 和 4.3 可知，无论是 Stackelberg 非合作还是合作治理博弈情况，每个地区都会追求最优的污染物排放量，使其效用最大化。此外，注意到地区 i(i=1,2) 在 Stackelberg 非合作与合作治理博弈情况下的最优污染物排放量的影响因素类似,为简化分析,本节仅对合作治理博弈情况下地区 1 的最优污染物排放量进行具体分析。那么,随着非累积性污染物对本地区及相邻地区的环境损害程度、累积性污染物排放量占瞬时污染物排放量的比重的变化,最优污染物排放量会如何变化呢？图 4.3 展现了地区 1 的最优污染物排放量在合作治理博弈情况下随这两个因素变化的具体情况。

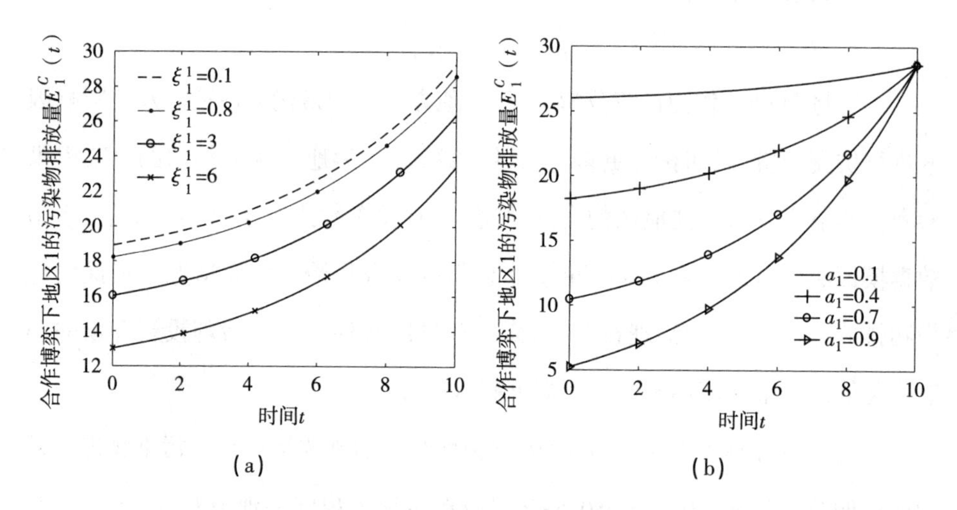

图 4.3　合作治理博弈下地区 1 的最优污染物排放量受非累积性和累积性污染物的环境损害程度的影响分析

由图 4.3 以及最优污染排放量的表达式可知,随着非累积性污染物对本地区及相邻地区的环境损害程度的加深、累积性污染物排放量占瞬时污染物排放量的比重的增加以及污染物存量损害程度的的加深,地区的最优污染物排放量将随之减少。这充分说明:在合作治理博弈下,地区不仅要考虑到非累积性污染物对本地区的环境损害程度,而且要考虑到非累积性污染物对相邻地区的环境损害程度,进而制定合理的污染排放策略。那么,随着地方政府环境污染治理方式、效用系数以及折现系数的变化,最优污染物排放量又该如何变化呢？图 4.4 展现了地区的最优污染物排放量在合作治理博弈情况下随这三个因素变化的情况。

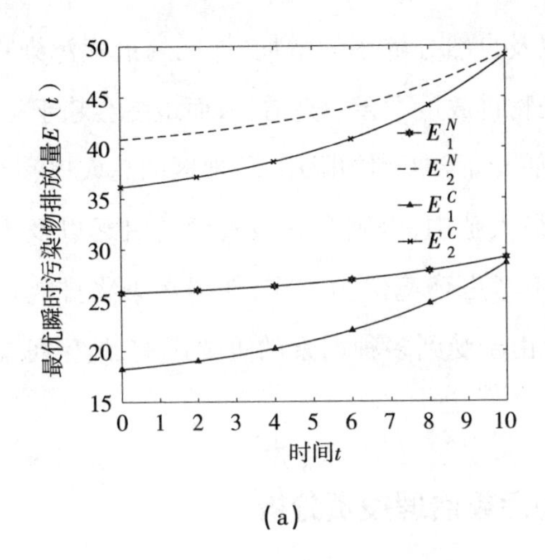

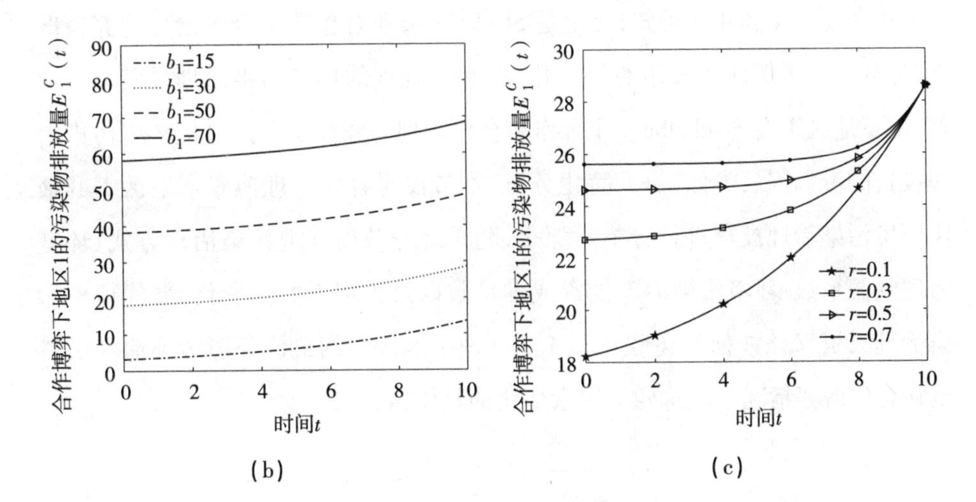

图 4.4　合作治理博弈下地区 1 的最优污染物排放量受治理方式、效用系数以及折现系数的影响分析

由图 4.4 以及最优污染排放量的表达式可知，地方政府的环境污染治理方式发生变化，其最优污染排放量也随之变化，并且合作治理博弈下的最优污染排放量低于 Stackelberg 非合作治理博弈情况下。此外，随着效用系数的增加，地区的最优污染物排放量将随之增加，这主要是由于效用系数越大，地区为了实现效用最大化，就会提高生产量而导致污染物排放量的增加。同时，可以看出,随着折现系数以及自然分解率的增加,地区的最优污染物排放量将随之增加,但此时最优污染物排放量不会一直增长,而最终会趋于一个稳定水平,这是因为在经济发展水平及社会福利的限制下,地区的总人口和经济规模不能超出生态环境能承载的最大范围,否则会导致资源的匮乏以及生态环境的严重恶化,因此,地区不得不考虑环境保护工作,使得污染物排放量不超过其合理范围。以上分析表明,由于受到多种因素的重要影响,地区可能采取差异化的污染物排放策略。

4.6.2 最优环境污染治理投资分析

由命题 4.1 和 4.3 可知,无论是 Stackelberg 非合作还是合作治理博弈情况下,地区 1 为了保证其效用的最大化,将制定合理的环境污染治理投资量。此外,由于地区 1 在 Stackelberg 非合作和合作治理博弈情况下的最优环境污染治理投资的影响因素类似,为了简化分析,本节仅对合作治理博弈下地区 1 的最优环境污染治理投资进行分析。那么,随着地方政府环境污染治理方式、环境治理收益系数、环境污染治理投资成本系数以及折现系数的变化,最优环境污染治理投资又该如何变化呢? 图 4.5 展现了地区 1 的最优环境污染治理投资量在合作博弈情况下随这四个因素变化的具体情况。

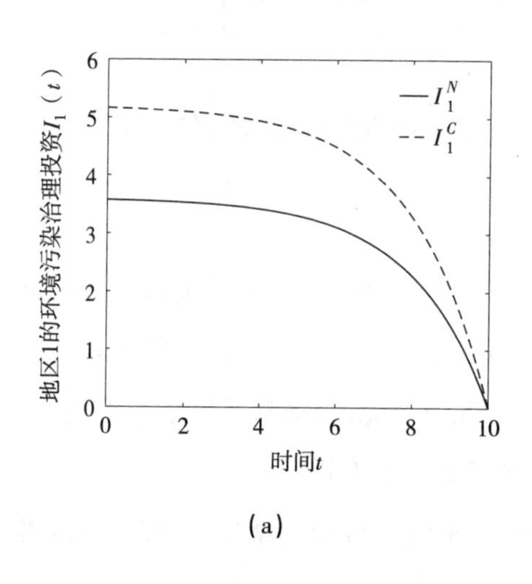

(a)

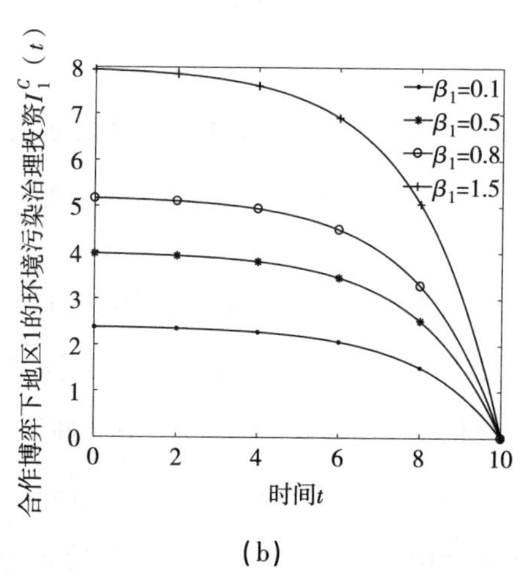

(b)

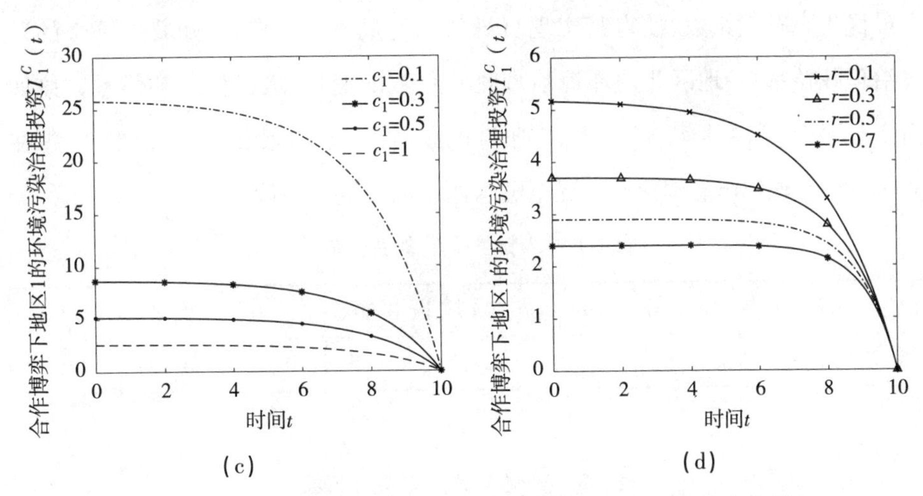

图 4.5　合作治理博弈下地区 1 的最优环境污染治理投资随治理方式、收益系数、成本系数以及折现系数的变化情况

由图 4.5 以及最优环境污染治理投资的表达式可知，地方政府的环境污染治理方式发生变化，其最优环境污染治理投资量也会随之变化，并且合作治理博弈下的最优环境污染治理投资量高于 Stackelberg 非合作治理博弈情况下的最优环境污染治理投资量。这是因为地方政府通过协商，自愿合作治理环境污染时，为保证合作协议有效执行，将加大环境污染治理投资。同时可看出，随着环境治理收益系数变大，最优环境污染治理投资也随之增加。这表明地区在开展环境污染治理时，若环境治理的收益越高，则其开展环境治理的积极性就越高，进而增加环境污染治理投资；随着环境污染治理投资成本系数、折现系数以及资本折旧率的增加，最优环境污染治理投资将随之减少。这表明每个地区在开展环境污染治理投资时，环境污染治理投资成本越高，越会降低其环境治理的积极性，进而减少环境污染治理的投资。此时，中央政府为了达到环境保护的目的，必须制定与完善环境保护相关的法律法规，促使地方政府加大环境治理力度。

4.6.3　最优生态补偿系数分析

由命题 4.1 可知，在 Stackelberg 非合作治理博弈情况下，地区 2 将给出一个最优生态补偿系数,使得其实现自身效用的最大化。那么,随着地区 1 的环境治理收益系数、地区 2 的环境治理收益系数的变化,最优生态补偿系数该如何变化呢? 表 4.1 与表 4.2 分别展现了地区 2 的最优生态补偿系数在 Stackelberg 非合作治理博弈情况下随这两个因素变化的情况。

表 4.1　α^N 随参数 β_1 的变化情况

地区 1 的环境治理收益系数	β_1	0.10	0.30	0.50	0.80	0.90
最优生态补偿系数	α^N	0.82	0.54	0.33	0.11	0.05

表 4.2　α^N 随参数 β_2 的变化情况

地区 2 的环境治理收益系数	β_2	0.50	0.60	0.70	0.80	0.90
最优生态补偿系数	α^N	0.11	0.20	0.27	0.33	0.38

由表4.1 和4.2 可看出,随着地区 1 的环境治理收益系数增大,最优生态补偿系数将随之减小。这表明地区 1 在进行环境污染治理投资时,本地区的环境治理收益会不断增加,而其环境污染治理投资的正向溢出效应会逐渐减弱,进而地区 2 由于获得较少的正向溢出而减少生态补偿。但是,随着地区 2 的环境治理收益系数的增大,最优生态补偿系数将随之变大。这表明地区 1 在进行环境污染治理投资时,其正向溢出效应会逐渐增强,进而地区 2 由于获得较多的正向溢出而增加生态补偿。

4.6.4　污染物存量的最优路径分析

由命题 4.1 和 4.3 可知,Stackelberg 非合作与合作治理博弈情况下污染物存量的最优路径存在差异,但其影响因素类似。为简化分析,本节仅对合作治理博弈下污染物存量的最优路径进行分析。那么,随着地方政府环境污染治理方式、初始污染物存量、累积性污染物排放量占瞬时污染物排放量的比重以及自然分解率的变化,污染物存量的最优路径该如何变化呢? 图 4.6 展现了污染物存量在合作治理博弈情况下的最优路径随这四个因素变化的情况。

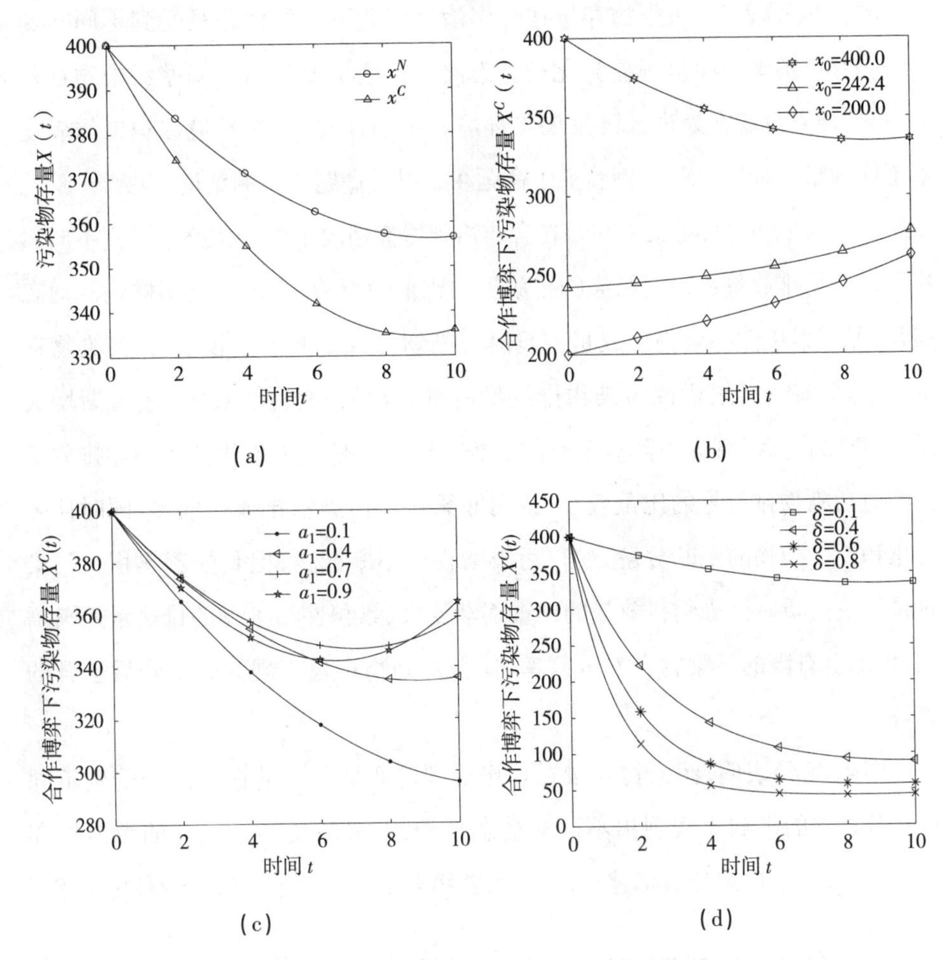

图 4.6　合作治理博弈下污染物存量随治理方式、初始存量、累积性污染物排放量占瞬时污染物排放量的比重以及自然分解率的变化情况

图 4.6(a)表明,地方政府的环境污染治理方式发生变化,污染物存量的最优路径也会随之变化,并且合作治理博弈下的污染物存量低于 Stackelberg 非合作治理博弈情况下的污染物存放量。这说明地区间通过合作进行污染治理时,可明显降低污染物存量,有利于提升区域环境质量。此外,随着时间的推移,无

论是 Stackelberg 非合作还是合作治理博弈情况,污染物存量的最优路径均不断发生变化,呈现下降趋势,最终趋于稳定状态。

图 4.6(b)表明,污染物存量在合作治理博弈下的最优路径受到不同初始污染物存量的影响而呈现差异化的动态路径。这主要是由于初始污染物存量的差异,地方政府在处理经济发展与环境保护的冲突时,对环境保护工作表现出不同的重视程度。此算例验证了命题 4.2 以及命题 4.4 的结论。

图 4.6(c)表明,污染物存量在合作治理博弈情况下的最优路径受到不同累积性污染物排放量占瞬时污染物排放量的比重的影响,而表现出多样化的动态路径,即当累积性污染物排放量占瞬时污染物排放量的比重较小时,污染物存量呈下降趋势;当累积性污染物排放量占瞬时污染物排放量的比重逐渐增大时,污染物存量呈现先下降后上升的趋势。这主要是因为累积性污染物排放量占瞬时污染物排放量的比重较小,说明非累积性污染物排放量较多,同时伴随着累积性污染物的不断分解,使得污染物存量不断减少;但是随着累积性污染物排放量占瞬时污染物排放量的比重逐渐变大,累积性污染物的排放量逐渐增加,再加上有限的污染物自然分解率,使得污染物存量表现为先下降后上升的趋势。

图 4.6(d)表明,污染物存量在合作治理博弈情况下的最优路径受到不同自然分解率的影响而表现出不同的动态路径,但最终均趋于稳定的污染物存量。但是,如果自然分解率越高,那么污染物存量将更快趋于较低的稳定水平。

4.6.5 环境污染治理投资存量的最优路径分析

由命题 4.1 和 4.3 可知,Stackelberg 非合作与合作治理博弈情形下环境污染治理投资存量的最优路径存在差异,但其影响因素类似。为简化分析,本节仅对合作治理博弈下的环境污染治理投资存量的最优路径进行分析。那么,随着地方政府环境污染治理方式、初始环境污染治理投资存量、资本折旧率的变化,环境污染治理投资存量的最优路径该如何变化呢?图 4.7 展现了环境污染治理投资存量在合作治理博弈情况下的最优路径随这三个因素变化的情况。

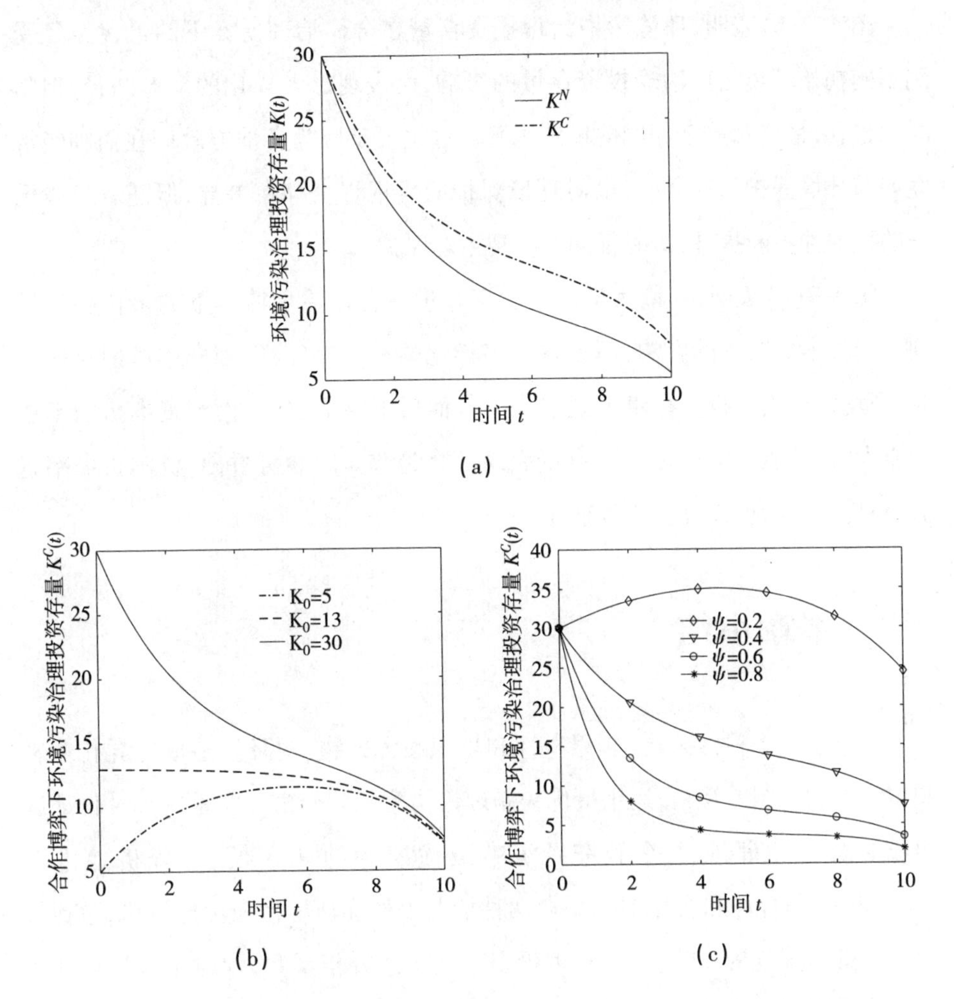

图 4.7　合作治理博弈下环境污染治理投资存量随治理方式、初始存量以及资本折旧率的变动情况

图 4.7(a)表明,地方政府的环境污染治理方式发生变化,环境污染治理投资存量的最优路径也会随之变化,并且合作治理博弈下的环境污染治理投资存量高于 Stackelberg 非合作治理博弈情况下。这说明地区间通过合作治理环境污染时,将增加环境污染治理投资,增加环境污染治理投资存量。此外,随着时间的推移,无论是 Stackelberg 非合作还是合作治理博弈情况下,环境污染治理

投资存量的最优路径均不断发生变化,并呈现下降趋势。

图 4.7(b)表明,环境污染治理投资存量在合作治理博弈下的最优路径受到不同初始环境污染治理投资存量的影响,而表现出多样化的动态路径,但随时间推移,最终都趋于相同的稳定水平。这主要是因为各地方政府在面临经济发展与环境保护的冲突时,虽对环境保护的重视程度存在差异,但随着环境保护的重要性不断提升,最终都同样重视生态保护。

图 4.7(c)表明,环境污染治理投资存量在合作治理博弈下的最优路径受到不同资本折旧率的影响,而表现出多样化的动态路径,即当资本折旧率较小时,环境污染治理投资存量表现出先上升而后下降的趋势,而当资本折旧率逐渐变大时,环境污染治理投资存量表现下降趋势。同时可看出,资本折旧率越低,环境污染治理投资存量就越高。

4.7 本章小结

本章基于多种污染物(非累积性和累积性污染物)对环境造成差异化损害和生态补偿机制的视角,运用最优控制理论构建了一个由受偿地区和补偿地区组成的两个相邻地区关于跨界污染最优控制的博弈模型,分析地区在Stackelberg 非合作和合作治理博弈两种情况下最优环境污染治理策略,包括最优的污染物排放量、环境污染治理投资以及生态补偿系数,探讨了非累积性污染物和累积性污染物损害程度对均衡结果的影响情况,考察了初始存量等因素给污染物存量与环境污染治理投资存量的最优动态路径带来的变化情况,并对两种治理模式下的最优解进行了比较与分析,最后运用仿真工具进行算例分析,验证了结果的准确性。

理论和仿真分析结果表明:①合作治理博弈情况下每个地区的最优污染物排放量低于 Stackelberg 非合作治理博弈情况。与 Stackelberg 非合作治理博弈相比,每个地区仅在合作治理博弈时考虑其非累积性污染物排放对相邻地区造成的损害；②合作治理博弈情况下地区的最优环境污染治理投资高于 Stackelberg 非合作治理博弈下地区的最后环境污染治理投资。无论是 Stackelberg 非合作还是合作治理博弈情况，地区的最优环境污染治理投资均与非累积性和累积性污染物的损害程度无关，而与环境治理的收益系数呈正相关，以及与环境污染治理投资成本系数呈负相关；③Stackelberg 非合作治理博弈下的最优生态补偿系数仅取决于两个相邻地区开展环境治理的收益情况，而与其他因素无关；④地区间在 Stackelberg 非合作与合作治理博弈情况下的总收益之差(合作剩余)与非累积性污染物对相邻地区损害程度、累积性污染物排放量占瞬时污染物排放量的比重以及污染物存量损害程度均相关，而与非累积性污染物对本地区损害程度无关。由此看出，每个地区在合作治理博弈情况下要考虑其污染物排放对相邻地区造成的损害，减少污染物排放；⑤无论是 Stackelberg 非合作还是合作治理博弈，污染物存量及环境污染治理投资存量的动态路径均受到治理方式、初始存量等因素的影响，呈现出多样化的动态变化趋势。因此，每个地区在面对环境问题与经济发展问题时，关注的重点存在差异，使污染物存量及环境污染治理投资存量表现出差异化的动态变化情况。

此外，生态补偿机制在控制环境污染等方面起着重要作用，一定程度上能有效解决地区间的社会经济发展的冲突和生态保护的冲突。本章在研究中仅考虑对地区的环境污染治理投资进行生态补偿，然而，地区间在实际工作中开展生态补偿的方式较多，比如实物补偿、资金补偿、政策补偿、技术补偿以及产业补偿等，并且为了提高生态补偿的效率以及保证项目的可持续性，地区间经常对各种生态补偿的方式进行选择与有效组合，因而本章也存在不足之处。此外，本章未考虑到排污权交易机制等因素，而如果将这些因素纳入后续的研究工作之中将非常有意义，这也是未来研究的方向。

5 考虑多种污染物损害和环境规制的跨界污染治理策略

环境问题的整体性和差异性导致环境问题跨越了原有的行政区限，呈现区域整体性特征。跨区域环境问题是许多国家和地区的环境治理难题之一。改革开放以来，我国在很长一段时间经济的高速增长经济高速增长和丰富物质财富的巨大代价是生态环境的严重破坏，使得频繁发生的环境污染问题威胁到了公众社会的正常活动和经济的健康发展。习近平总书记在第十九次全国代表大会提出了"中国经济进入高质量发展阶段"，明确经济增长与绿色发展势必逐渐统一起来，呼应之前"绿水青山就是金山银山"的科学论断，并将"建设富强、美丽中国"作为全面建设社会主义现代化国家的重大目标。为此，我国政府先后制定和实施了一系列重大的生态环境保护政策，如自 2018 年 1 月 1 日起我国施行《中华人民共和国环境保护税法》，但效果并不尽如人意，其主要是因为生态环境的整体性、污染物质的流动性以及环境污染的跨界性等。所以，生态环境的治理不仅要注重环境污染对本地区环境的破坏，而且要重视其对邻近地区环境的破坏，甚至要关注其带来的一些全球性环境影响。但是，作为生态环境治理决策主体的地方政府在环境污染治理过程中只考虑本地区的利益，几乎不会考虑本地区的污染物排放对其他地区的不利影响。与此同时，作为环境污染物者的工业企业同样为了追求自身利益的最大化而忽视了对生态环境造成的损害。因此，有效解决跨界生态环境污染问题是我国建设生态文明的关键点。

《中共中央关于制定国民经济和社会发展第十四个五年规划和二〇三五年远景目标的建议》明确要求，持续改善环境质量。强化多污染物协同控制和区域协同治理，加强细颗粒物和臭氧协同控制，基本消除重污染天气。随着"双碳"目标的提出，"十四五"时期，我国生态文明建设进入以降碳为重点战略方向、推动减污降碳协同增效、促进经济社会发展全面绿色转型、实现生态环境质量改善由量变到质变的关键时期。与此同时，环保政策逐渐完善，排放指标日益严苛，市场对环保技术企业的专业化提出更高要求。依靠单一治理技术应对污染治理已不能满足"新常态"下国家对环境治理的要求，多污染物协同治理并实现超低排放将成为环境治理的方向。减污降碳协同增效作为促进经济社会发展全面绿色转型的总抓手，已经被纳入《中华人民共和国国民经济和社会发展第十四个五年规划和2035年远景目标纲要》和《关于深入打好污染防治攻坚战的意见》等重要文件。环境污染物与温室气体排放具有高度同根、同源、同过程特性和排放时空一致性特征，化石能源消费、工业生产、交通运输、居民生活等均是环境污染物与温室气体的主要来源，这意味着减污和降碳具有一致的控制对象，两项工作在很大程度上可以协同推进。锚定美丽中国建设和实现“双碳”目标，统筹大气、温室气体等多领域减排要求，在科学把握污染防治和气候治理整体性的基础上，以碳达峰行动进一步深化环境治理，以环境治理助推高质量达峰，提升减污降碳综合效能，实现环境效益、气候效益、经济效益多赢。

基于此，在上述研究的基础上，本章考虑多种（非累积性和累积性）污染物对生态环境造成不同损害的前提下，将地方政府与工业企业归入同一个分析框架，首先构建Stackelberg博弈模型分析作为领导者的地方政府以及作为追随者的工业企业各自选择的动态决策过程，从而确定工业企业追求的最优污染物排放量。随后构建两个相邻地区在非合作和合作治理博弈情况下的关于跨界环境污染最优控制的博弈模型，运用最优控制理论以及仿真法来对比分析两个相邻地区间的最优跨界环境污染治理策略，包括环境保护税、环境污染治理投资，探究最优跨界环境污染治理策略的影响因素，讨论环境污染物存量的动态变化情况，并对两种博弈结构进行比较分析，以期为各地方政府制定跨区域合作治理环境污染政策提供一定的理论依据。

5.1 问题描述

近年来，石油开采、工业发展、日常废气排放等因素致使生态环境中的污染物日益多样化，从而造成区域性以及全球性的环境问题。如2017年12月，受到持续静稳、逆温等不利气象条件的影响，四川盆地持续出现区域性的污染过程，21个市（州）政府所在地城市PM2.5的日平均浓度为74μg/m^3。据相关历史资料统计表明，每年自10月起，京津冀地区经常伴随着区域性的环境污染问题，尤其是PM2.5已经成为该地区广大民众的“心肺之患”。联合国政府间气候变化专门委员（Intergovernmental Panel on Climate Change，IPCC）在其报告中接露：当前全球气候逐渐变暖及屡次出现极端气候的主要原因是人类为生产和生活而进行的各类活动所排放的温室气体。在此背景下，我国政府不仅要重视全球性的生态环境问题，更要优先考虑区域性的生态环境问题，甚至要关注本地区的污染物排放量对相邻地区产生的不利影响。本文通过对研究文献进行梳理发现，国内外学者已对如何解决跨界环境污染问题展开了深入研究，但绝大部分研究均是关注一种污染物的跨界环境污染控制问题。而在现实中，工业企业一般会排放多种类型的污染物，且这些污染物对环境造成的影响也各不相同。近年来，国内外学者也逐渐对多种污染物的跨界治理问题展开研究，这些研究主要从政府角度考察排污权许可等方式减少污染物排放问题，而较少涉及多种污染物损害背景下污染物排放后，地方政府和工业企业的污染投资治理问题以及工业企业的污染物排放行为变化问题，而随着我国不断加大环境污染治理力度，我们有必要研究在非累积性污染物和累积性污染物共同存在的前提下，工业企业以及地方政府进行环境污染治理的投资策略选择问题，这有助于提升区域环境治理的效率。

总之，在现有的研究中，国内外学者重点关注一种污染物的跨界环境治理问题，对生态环境污染控制问题的分析更多是从政府管理角度进行，而较少涉及多种污染物损害背景下工业企业在政府实施环境规制下的行为变化问题。但是，自然生态环境污染问题产生的主要原因是作为环境污染者的工业企业对其自身利益最大化的持续追求而忽略环境保护，因此，如果没有政府的环境规制策略，工业企业就不会考虑其自身的污染行为的全部成本。于是，在实施环境规制的过程中，由于利益的相互制约，政府、工业企业各方的最优策略会随着对方的行为变化而发生相应改变。鉴于此，本章考虑两个相邻地区均有工业企业在生产中排放两种污染物：一种是非累积性污染物，如二氧化硫、悬浮颗粒

(如 PM2.5)等,将让本地区以及相邻地区产生短期性的区域性生态环境问题;另一种是累积性污染物,如氯氟烃、氧化亚氮等,将增加到现有环境存量中并不断累积,最终加剧全球变暖等一系列长期性的全球生态环境问题。因此,为了减少多种污染物对自然生态环境造成的损害,两个地方政府均决定对生态环境污染进行治理。

首先,地方政府与工业企业开展 Stackelberg 博弈。假定地方政府作为领导者,首先制定环境保护税政策,以征收环境保护税的方式对追随者工业企业的生态环境污染行为进行监管。与此同时,在地方政府持续加大生态环境治理的背景下,工业企业基于自身利益还需要进行环境污染治理投资。因此,工业企业在地方政府征收环境保护税以及自身进行环境污染治理投资的条件下,以追求自身利益的最大化为中心,确定最优的污染物排放量(图 5.1)。

其次,两个相邻地区决定开展环境污染治理,而其生态环境治理的决策策略主要有两种:一种是非合作治理方式,即各地方政府单独对本地区的生态环境污染进行治理,并以自身利益最大化为中心选择自身的策略;另一种是合作治理方式,即两个相邻地区通过达成某种协议来合作治理区域环境污染,选择各自的最优策略,从而实现共同利益的最大化(图 5.2)。考虑到环境污染物的跨界污染特性,各地方政府应该积极合作治理生态环境污染。鉴于此,本章构建两个相邻地区间的跨界环境污染的最优控制博弈模型,比较分析各地区在非合作与合作治理博弈下的生态环境污染治理策略,包括环境保护税、环境污染治理投资,论证地区间合作治理环境污染的优势。随着我国政府深入推动生态文明建设,各地方政府会持续增加对生态环境与生态保护治理和投入力度。但是跨界环境污染治理基本都会涉及多个地区,而每个地区均会因存在经济发展与资源环境目标和利益上的冲突,以自身利益的最大化为核心,超标排放污染物,从而对其他地区造成负外部性影响。因此,生态环境污染治理的焦点问题是:如何解决各地方政府间存在的合作治理行动的窘境、促使各地方政府开展联防联控合作治理环境污染等问题,从而以期不断提高生态环境治理水平等。

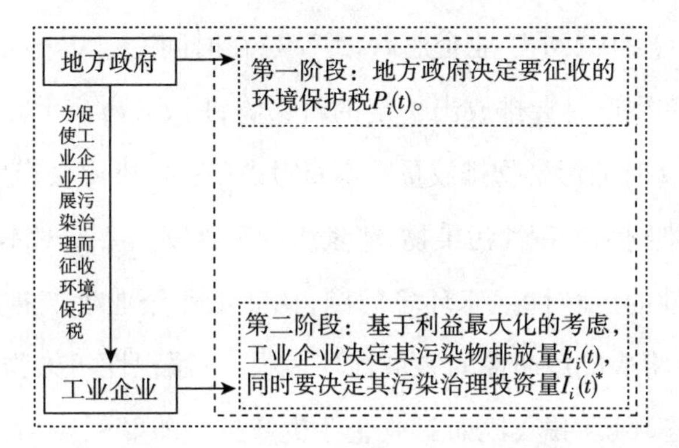

图 5.1 地方政府与工业企业间 Stackelberg 博弈的决策示意图

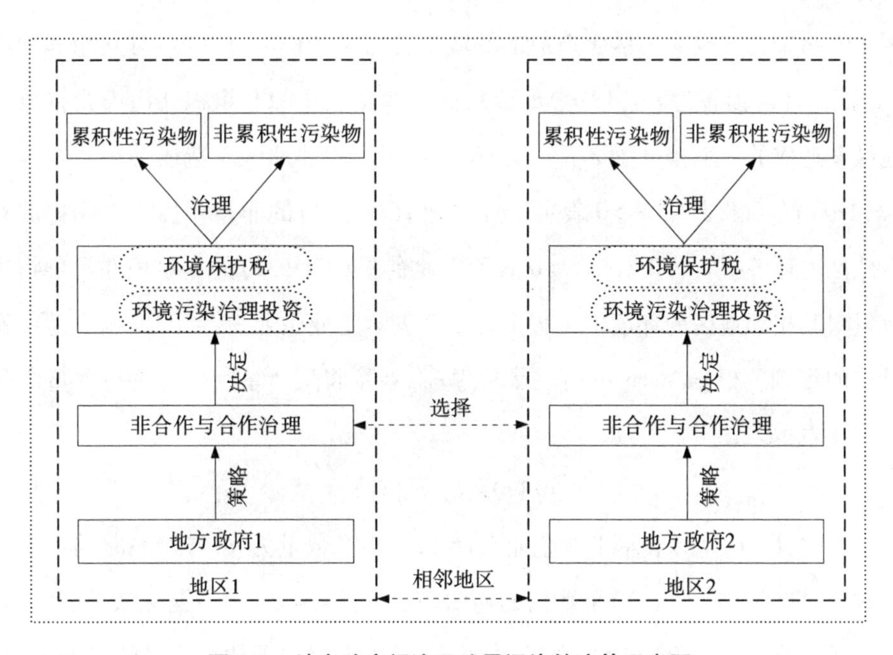

图 5.2 地方政府间治理跨界污染的决策示意图

5.2 模型构建

本章考虑两个相邻地区 $i(i=1,2)$ 存在着跨界环境污染问题。为便于分析，假设每个地区只存在一个工业企业，并且地区 $i(i=1,2)$ 拥有的工业企业表示为

$i(i=1,2)$。$q_i(t)\geqslant 0$ 表示工业企业 $i(i=1,2)$ 在时间 $t\in[0,+\infty)$ 时的产出量。同时工业企业在生产时会排放出一定的污染物，用 $E_i(t)\ (i=1,2)$ 表示工业企业 $i(i=1,2)$ 在 t 时的污染物排放量。本章考虑单一污染源会产生多种污染物，即非累积性污染物和累积性污染物：非累积性污染物主要是对本地区以及相邻地区造成短期性的区域性生态环境问题，比如工业企业生产排放的悬浮颗粒物、二氧化硫等将造成短期性的区域性环境损害；累积性污染物则会造成长期性的全球性生态环境问题，比如工业企业生产排放的氯氟烃、氧化亚氮等污染物将加剧全球变暖等全球性生态环境问题。鉴于此，本章假定工业企业 1 的非累积性污染物排放对地区 1 造成的环境损害为 $\varepsilon_{11}(1-b_1)E_1(t)$，对其相邻地区 2 造成的环境损害为 $\varepsilon_{12}(1-b_1)E_1(t)$，而工业企业 2 的非累积性污染物排放对地区 2 造成的环境损害为 $\varepsilon_{22}(1-b_2)E_2(t)$，对其相邻地区 1 造成的环境损害为 $\varepsilon_{21}(1-b_2)E_2(t)$，其中 $\varepsilon_{ii}>0$ 表示工业企业 $i(i=1,2)$ 的非累积性污染物排放对本地区的环境损害程度，$\varepsilon_{i(3-i)}>0$ 表示工业企业 $i(i=1,2)$ 的非累积性污染物排放量对其相邻地区的环境损害程度，$b_i\geqslant 0$ 表示工业企业 $i(i=1,2)$ 减少污染物排放的比例。根据 Masoudi 等的研究基础，本章将生产量与污染物排放量之间的关系表示为：

$$q_i(t)=F_i(E_i(t)) \tag{5.1}$$

其中，$F_i(E_i(t))$ 表示工业企业 $i(i=1,2)$ 生产数量为 $q_i(t)$ 产品时的污染物排放量，且假设 $F_i(E_i(t))$ 是严格的递增函数，$F_i(0)=0$。本章运用 $R_i(q_i(t))$ 表示工业企业 $i(i=1,2)$ 在 t 时的收益值，同时假定收益函数是严格的递增函数，并且符合 $R'(0)=+\infty$，即零产量是没有任何收益的。在借鉴 Breton 等和 Zeeuw 等的基础上，本章将工业企业 $i(i=1,2)$ 的收益函数具体表示为：

$$R_i(q_i(t))=R_i(F_i(E_i(t)))=a_iE_i(t)-\frac{1}{2}E_i^2(t) \tag{5.2}$$

其中，$a_i>0$ 表示工业企业 $i(i=1,2)$ 的效用系数。当前我国政府不断构建最严格的环境保护制度，一直保持着生态环境执法的高压态势，比如颁布环境硬约束标准来淘汰落后的产能、限期改造一些重点性行业企业的环境污染排放问题，以及全面监测并公开各工业污染源的排放情况等。在此背景下，工业企业会基于利益考虑而采取相关的措施。于是，本章假设工业企业 $i(i=1,2)$ 通过环境污染治理投资减少污染物排放的数量为 $b_iE_i(t)$，并且由于减少污染物的数量与环境污染治理投资成正比，为便于分析，假设工业企业 $i(i=1,2)$ 减少单位污染物需要单位环境污染治理投资，即工业企业的环境污染治理投资量可表示为 $I_i^*=b_iE_i(t)$。同时为了解决生态环境问题，地区 $i(i=1,2)$ 在 t 时将进行环境污染治理投资，降低环境污染物的存量，用 $I_i(t)$ 表示其投入的环境污染治理投资数量，而环境污染治理投资则需要投入大量的人力以及技术等，这将带来一定的环境污染治理成本。参照 Biancardi 和 Gelves 等的研究，本章将工业企业 i $(i=1,2)$ 以及地方政府 $i(i=1,2)$ 的环境污染治理投资的成本函数分别表示为：

$$B_i(E_i(t))=\frac{1}{2}\tau_i(b_iE_i(t))^2,C_i(I_i(t))=\frac{1}{2}c_iI_i^2(t) \tag{5.3}$$

其中，$B_i(E_i(t))$，$C_i(I_i(t))$ 均为递增型的凹函数，分别表示工业企业 $i(i=1,2)$ 以及地方政府 $i(i=1,2)$ 进行环境污染治理投资带来的成本函数；$\tau_i>0$，$c_i>0$ 分别表示工业企业 $i(i=1,2)$ 以及地方政府 $i(i=1,2)$ 的环境污染治理投资成本效率参数。随着时间的推移，累积性污染物将逐渐增加并累积，因此，本章假定污染物存量 $x(t)$ 的变化遵循如下的动态过程：

$$\dot{x}(t)=\sum_{i=1}^{2}\mu_i(1-b_i)E_i(t)-\sum_{i=1}^{2}\theta_iI_i(t)-\delta x(t),x(0)=x_0,x(t)\geqslant 0 \tag{5.4}$$

其中，$\delta>0$ 为环境污染物的自然分解率；$x_0>0$ 为初始的污染物存量；$\mu_i>0$ 为工业企业 $i(i=1,2)$ 的累积性污染物在瞬时污染物排放量中所占的比重；$\theta_i>0$ 为地方政府 $i(i=1,2)$ 进行环境污染治理投资所削减的污染物数量。此外，由于自然界污染物存量会对每个地区的环境造成一定损害，本章在借鉴 Petrosjan 和 Breton 等研究的基础上，将地区 $i(i=1,2)$ 污染物存量产生损害的函数 $D_i(x$

$(t))(i=1,2)$具体表示为如下形式：

$$D_i(x(t))=h_ix(t),D_i(0)=0 \tag{5.5}$$

其中，$h_i>0$ 表示地区 $i(i=1,2)$ 遭受的单位污染物存量的损害程度。为了加速推动生态文明建设和减少污染物排放，实现环境保护和改善生态环境，我国政府制定并颁布了《中华人民共和国环境保护税法》，并于 2018 年 1 月 1 日起开始施行。因此，本章假定工业企业 $i(i=1,2)$ 排放出单位污染物所征收的环境保护税为 $p_i(t)$。

工业企业 $i(i=1,2)$ 作为社会发展进步中不可或缺的重要经济实体，会持续地追求自身利益的最大化，因此，本章用 $U_i(i=1,2)$ 表示工业企业的收益，所以其收益最大化的效用目标函数可具体表示为：

$$U_i=\max_{E_i(t)}\int_0^{\infty}e^{-rt}[R_i(q_i(t))-p_i(t)(1-b_i)E_i(t)-B_i(E_i(t))=]\mathrm{d}t \tag{5.6}$$

地方政府由于中国式分权等而成为具有独立地位的利益主体，也会追求自身收益的最大化，进而地区 $i(i=1,2)$ 获得收益最大化的目标函数及约束条件可具体表示为如下形式：

$$W_i=\max_{p_i(t),I_i(t)}\int_0^{\infty}e^{-rt}[R_i(q_i(t))+p_i(t)(1-b_i)E_i(t)-C_i(I_i(t))-$$
$$\varepsilon_{ii}(1-b_i)E_i(t)-\varepsilon_{(3-i)i}(1-b_{3-i})E_{3-i}(t)-D_i(x(t))]\mathrm{d}t$$
$$s.t.\begin{cases}\dot{x}(t)=\sum_{i=1}^{2}\mu_i(1-b_i)E_i(t)-\sum_{i=1}^{2}\theta_iI_i(t)-\delta x(t)\\ x(0)=x_0,x(t)\geqslant 0\end{cases} \tag{5.7}$$

其中，$r>0$ 表示为贴现率，W_i 表示地区 $i(i=1,2)$ 的收益。目标函数中控制变量为 $p_i(t)$ 和 $I_i(t)$，状态变量为 $x(t)$。

5.3 政府与企业间 Stackelberg 博弈下企业的最优策略

工业企业作为当前市场经济条件下相对独立的重要经济实体，基本上符合理性的“经济人”假设,会持续追求自身利益的最大化。当地方政府与工业企业作为两个独立的实体进行 Stackelberg 主从博弈时,博弈顺序主要如下:首先,地方政府基于环境保护来确定工业企业应当缴纳的环境保护税,然后,工业企业基于利益考虑来选择出最优的污染物排放量。因此,工业企业$i(i=1,2)$获得收益最大化的效用目标函数可具体表示为:

$$U_i = \max_{E_i(t)\geqslant 0}\int_0^{\infty} e^{-rt}\left[a_iE_i(t) - \frac{1}{2}E_i^2(t) - p_i(t)(1-b_i)E_i(t) - \frac{1}{2}\tau_i(b_iE_i(t))^2\right]dt \tag{5.8}$$

对式(5.8)的动态最优控制问题进行求解,可以得到最优解的显式表达式,并且均衡结果均以上标“ * ”的形式加以区别表示。

命题 5.1　工业企业 $i(i=1,2)$选择的最优污染物排放量为:

$$E_i^*(t)=\lambda_i[a_i-(1-b_i)p_i(t)]$$

其中,$\lambda_i=\dfrac{1}{1+\tau_ib_i^2}$。注意到,将环境保护税 $p_i^N(t)$、$p_i^C(t)$分别代入最优的污染物排放量 $E_i^*(t)$,即可得到两个相邻地区间分别进行非合作与合作治理博弈时,工业企业 $i(i=1,2)$所对应的最优污染物排放量分别为 $E_i^{*N}(t)$、$E_i^{*C}(t)$。

证明:为了获得该最优控制问题的最优条件,本节运用 Pontryagin 最大值原理进行求解。因此,式(5.8)的 Hamiltonian 函数可具体设定为:

$$H_i=a_iE_i(t)-\frac{1}{2}E_i^2(t)-p_i(t)(1-b_i)E_i(t)-\frac{1}{2}\tau_i(b_iE_i(t))^2(i=1,2) \tag{5.9}$$

由式(5.9)可得,工业企业 $i(i=1,2)$实现利益最大化的一阶必要条件为:

$$\frac{\partial H_i}{\partial E_i}=a_i-p_i(t)(1-b_i)-E_i(t)-\tau_ib_i^2E_i(t)=0(i=1,2) \tag{5.10}$$

由式(5.10)整理可得,工业企业 $i(i=1,2)$选择的最优污染物排放量分别为:

$$E_1^*(t)=\lambda_1[a_1-(1-b_1)p_1(t)],\lambda_1=\frac{1}{1+\tau_1b_1^2} \tag{5.11}$$

$$E_2^*(t)=\lambda_2[a_2-(1-b_2)p_2(t)],\lambda_2=\frac{1}{1+\tau_2 b_2^2} \tag{5.12}$$

命题5.1证毕。

由命题5.1可以看出,工业企业$i(i=1,2)$的最优污染物排放量会随着环境保护税$p_i(t)$的提高而减小,即当地方政府提高环境保护税时,每个工业企业将会减少污染物排放量;与工业企业污染物减排比例b_i的相关性则为不确定关系,主要取决于减排比例b_i的大小,即当工业企业污染物减排比例小于某值时,工业企业的最优污染物排放量与其减排比例呈正相关关系,但是当超过该值时,工业企业的最优污染物排放量与其减排比例呈负相关关系。

5.4 地区间非合作与合作治理博弈下最优策略

5.4.1 地区间非合作治理博弈下地方政府的最优策略

当两个相邻地区分别进行环境规制时,各个地方政府均以实现自身效用的最大化为中心,进而制定各自最优的环境保护税、环境污染治理投资等环境治理策略。故本节将地区$i(i=1,2)$在非合作治理博弈情况下获得收益最大化的目标函数以及约束条件可分别表示为:

$$W_1^N=\max_{p_1(t),I_1(t)}\int_0^\infty e^{-rt}\Big[a_1E_1^*(t)-\frac{1}{2}E_1^{*2}(t)+p_1(t)(1-b_1)E_1^*(t)-\frac{1}{2}c_1I_1^2-$$
$$\varepsilon_{11}(1-b_1)E_1^*(t)-\varepsilon_{21}(1-b_2)E_2^*(t)-h_1x(t)\Big]\mathrm{d}t$$

$$W_2^N=\max_{p_2(t),I_2(t)}\int_0^\infty e^{-rt}\Big[a_2E_2^*(t)-\frac{1}{2}E_2^{*2}(t)+p_2(t)(1-b_2)E_2^*(t)-\frac{1}{2}c_2I_2^2-$$
$$\varepsilon_{22}(1-b_2)E_2^*(t)-\varepsilon_{12}(1-b_1)E_1^*(t)-h_2x(t)\Big]\mathrm{d}t$$

$$S.t.\begin{cases}\dot{x}(t)=\sum_{i=1}^{2}\mu_i(1-b_i)E_i(t)-\sum_{i=1}^{2}\theta_iI_i(t)-\delta x(t)\\ x(0)=x_0,x(t)\geqslant 0\end{cases}\tag{5.13}$$

其中,W_i^N 表示地区 $i(i=1,2)$ 在非合作治理博弈情况下的收益。对式(5.13)的动态最优控制问题进行求解,可得到最优解的显式表达式,并且非合作治理博弈下各个地方政府的均衡结果均以上标“N”的形式加以表示。

命题 5.2　两相邻地区间在非合作治理博弈情况下地区 $i(i=1,2)$ 的均衡结果分别具体表示如下:

①地区 $i(i=1,2)$ 的最优的环境保护税 $p_i^N(t)(i=1,2)$ 为:

$$p_i^N(t)=\frac{1}{\lambda_i+2}\left[\varepsilon_{ii}+\frac{\mu_ih_i}{r+\delta}+\frac{a_i\lambda_i}{1-b_i}\right](i=1,2)$$

②地区 $i(i=1,2)$ 的最优的环境污染治理投资 $I_i^N(t)(i=1,2)$ 为:

$$I_i^N(t)=\frac{\theta_ih_i}{c_i(r+\delta)}(i=1,2)$$

③地区 $i(i=1,2)$ 的价值函数 $V_i^N(x(t))(i=1,2)$ 的表达式为:

$$V_i^N(x(t))=-\frac{\lambda_{3-i}(1-b_{3-i})^2}{r(\lambda_{3-i}+2)}\left(\varepsilon_{(3-i)i}+\frac{\mu_{3-i}h_i}{r+\delta}\right)\left(\frac{2a_{3-i}}{1-b_{3-i}}-\varepsilon_{(3-i)(3-i)}-\frac{\mu_{3-i}h_{3-i}}{r+\delta}\right)+$$
$$\frac{\theta_i^2h_i^2}{2c_ir(r+\delta)^2}+\frac{\theta_{3-i}^2h_ih_{3-i}}{c_{3-i}r(r+\delta)^2}-\frac{h_i}{r+\delta}x(t)+$$
$$\frac{\lambda_i(1-b_i)^2}{2r(\lambda_i+2)}\left(\frac{2a_i}{1-b_i}-\varepsilon_{ii}-\frac{\mu_ih_i}{r+\delta}\right)^2(i=1,2)$$

④污染物存量 $x^N(t)$ 随时间 t 动态变化的表达式为:

$$x^N(t)=\left(x_0-\frac{\alpha}{\delta}\right)e^{-\delta t}+\frac{\alpha}{\delta}$$

其中,$\alpha=\sum_{i=1}^{2}\left[\frac{\mu_i\lambda_i(1-b_i)^2}{\lambda_i+2}\left(\frac{2a_i}{1-b_i}-\varepsilon_{ii}-\frac{\mu_ih_i}{r+\delta}\right)\right]-\sum_{i=1}^{2}\left[\frac{\theta_i^2h_i}{c_i(r+\delta)}\right]$。

证明:为了获得最优控制问题的最优条件,本节运用 Hamilton－Jacobi－

Bellman(HJB)方程求解。假定地区 $i(i=1,2)$ 的价值函数为 $V_i^N(x(t))(i=1,2)$,因而满足式(5.13)的 HJB 方程分别为:

$$rV_1^N(x(t))=\max_{p_1(t),I_1(t)}\Big\{a_1E_1^*(t)-\frac{1}{2}E_1^{*2}(t)+p_1(t)(1-b_1)E_1^*(t)-\frac{1}{2}c_1I_1^2(t)-\varepsilon_{11}(1-b_1)E_1^*(t)-\varepsilon_{21}(1-b_2)E_2^*(t)-h_1x(t)+V'^N_1(x(t))\Big[\sum_{i=1}^{2}\mu_i(1-b_i)E_i^*(t)-\sum_{i=1}^{2}\theta_iI_i(t)-\delta x(t)\Big]\Big\} \tag{5.14}$$

$$rV_2^N(x(t))=\max_{p_2(t),I_2(t)}\Big\{a_2E_2^*(t)-\frac{1}{2}E_2^{*2}(t)+p_2(t)(1-b_2)E_2^*(t)-\frac{1}{2}c_2I_2^2(t)-\varepsilon_{22}(1-b_2)E_2^*(t)-\varepsilon_{12}(1-b_1)E_1^*(t)-h_2x(t)+V'^N_2(x(t))\Big[\sum_{i=1}^{2}\mu_i(1-b_i)E_i^*(t)-\sum_{i=1}^{2}\theta_iI_i(t)-\delta x(t)\Big]\Big\} \tag{5.15}$$

由式(5.14)和(5.15)最大化的一阶偏导数条件得:

$$I_1^N(t)=-\frac{\theta_1}{c_1}V'^N_1(x(t)) \tag{5.16}$$

$$p_1^N(t)=\frac{1}{\lambda_1+2}\left[\varepsilon_{11}-\mu_1V'^N_1(x(t))+\frac{a_1\lambda_1}{1-b_1}\right] \tag{5.17}$$

$$I_2^N(t)=-\frac{\theta_2}{c_2}V'^N_2(x(t)) \tag{5.18}$$

$$p_2^N(t)=\frac{1}{\lambda_2+2}\left[\varepsilon_{22}-\mu_2V'^N_2(x(t))+\frac{a_2\lambda_2}{1-b_2}\right] \tag{5.19}$$

假定地区 $i(i=1,2)$ 的价值函数为 $V_i^N(x(t))(i=1,2)$ 的表达式分别表示为:

$$V_1^N(x(t))=M_1x(t)+N_1 \tag{5.20}$$

$$V_2^N(x(t))=M_2x(t)+N_2 \tag{5.21}$$

其中 $M_i(i=1,2)$、$N_i(i=1,2)$ 均为未知数。对式(5.20)、(5.21)分别关于 x

(t)求导得：

$$V'^N_1(x(t))=M_1 \tag{5.22}$$

$$V'^N_2(x(t))=M_2 \tag{5.23}$$

将式(5.22)分别代入式(5.17)，然后将式(5.17)代入式(5.11)，以及式(5.23)分别代入式(5.19)，然后将式(5.19)代入式(5.12)，得到：

$$E_1^{*N}(t)=\lambda_1[a_1-(1-b_1)p_1^N(t)]=\frac{\lambda_1(1-b_1)}{\lambda_1+2}\left(\frac{2a_1}{1-b_1}-\varepsilon_{11}+\mu_1 M_1\right) \tag{5.24}$$

$$E_2^{*N}(t)=\lambda_2[a_2-(1-b_2)p_2^N(t)]=\frac{\lambda_2(1-b_2)}{\lambda_2+2}\left(\frac{2a_2}{1-b_2}-\varepsilon_{22}+\mu_2 M_2\right) \tag{5.25}$$

将式(5.22)分别代入式(5.16)、(5.17)，再将式(5.16)、(5.17)、(5.20)、(5.22)、(5.24)代入式(5.14)，可解得：

$$M_1=-\frac{h_1}{r+\delta} \tag{5.26}$$

$$N_1=\frac{1}{r}\left[\frac{\lambda_1(1-b_1)^2}{2(\lambda_1+2)}\left(\frac{2a_1}{1-b_1}-\varepsilon_{11}+\mu_1 M_1\right)^2+\frac{\theta_1^2}{2c_1}M_1^2+\frac{\theta_2^2}{c_2}M_1 M_2-\frac{\lambda_2(1-b_2)^2}{\lambda_2+2}(\varepsilon_{21}-\mu_2 M_1)\left(\frac{2a_2}{1-b_2}-\varepsilon_{22}+\mu_2 M_2\right)\right] \tag{5.27}$$

将式(5.23)分别代入式(5.18)、(5.19)，再将式(5.18)、(5.19)、(5.21)、(5.23)、(5.25)代入式(5.15)，可解得：

$$M_2=-\frac{h_2}{r+\delta} \tag{5.28}$$

$$N_2=\frac{1}{r}\left[\frac{\lambda_2(1-b_2)^2}{2(\lambda_2+2)}\left(\frac{2a_2}{1-b_2}-\varepsilon_{22}+\mu_2 M_2\right)^2+\frac{\theta_2^2}{2c_2}M_2^2+\frac{\theta_1^2}{c_1}M_1 M_2-\frac{\lambda_1(1-b_1)^2}{\lambda_1+2}(\varepsilon_{12}-\mu_1 M_2)\left(\frac{2a_1}{1-b_1}-\varepsilon_{11}+\mu_1 M_1\right)\right] \tag{5.29}$$

将式(5.26)代入式(5.22)，再将式(5.22)代入式(5.17)以及将式(5.28)代入式(5.23)，再将式(5.23)代入式(5.19)，即得$p_i^N(t)(i=1,2)$；将式(5.26)

代入式(5.22),再将式(5.22)代入式(5.16)以及将式(5.28)代入式(5.23),再将式(5.23)代入式(5.18),即得 $I_i^N(t)\ (i=1,2)$;将式(5.26)、(5.27)代入式(5.20)以及将式(5.28)、(5.29)代入式(5.21),即得 $V_i^N(x(t))\ (i=1,2)$;

将式(5.16)、(5.18)、(5.24)以及(5.25)代入式(5.4),得出:

$$\dot{x}(t)=\alpha-\delta x(t) \tag{5.30}$$

其中,$\alpha=\sum_{i=1}^{2}\left[\frac{\mu_i\lambda_i(1-b_i)^2}{\lambda_i+2}\left(\frac{2a_i}{1-b_i}-\varepsilon_{ii}-\frac{\mu_i h_i}{r+\delta}\right)\right]-\sum_{i=1}^{2}\left[\frac{\theta_i^2 h_i}{c_i(r+\delta)}\right]$。

求解微分方程式(5.30),即得 $x^N(t)$。

命题5.2证毕。

由命题5.2中地区 $i(i=1,2)$ 的最优环境保护税表达式可知,在非合作治理博弈情况下,每个地区的最优环境保护税会随着非累积性污染物排放对本地区造成的损害程度 ε_{ii} 的增加而增加,即非累积性污染物给本地区造成更多损害时,每个地区会提高环境保护税;随着累积性污染物在污染物排放量中的比重 μ_i 增大而增加,即累积性污染物排放增加时,每个地区将会提高环境保护税;随着污染物存量损害程度 h_i 的加深而增加,即污染物存量对本地区产生较大破坏时,每个地区会提高环境保护税;随着工业企业污染物减排比例 b_i 的增加而增加,即工业企业增加环境污染治理投资,减少更多污染物排放时,每个地区会提高环境保护税,加大环境保护力度,促进工业企业进行环境污染治理投资,以防止环境污染形势的进一步恶化。

由命题5.2中地区 $i(i=1,2)$ 的最优环境污染治理投资表达式可知,在非合作治理博弈情况下,每个地区的最优环境污染治理投资随污染物存量损害程度 h_i 的加深而增加,即污染物存量引起较多损失时,每个地区将加大环境污染治理投资;随环境污染治理投资削减污染物程度 θ_i 的加深而增加,即环境污染治理投资削减污染物的效率越高,每个地区将增加环境污染治理投资;随环境污染治理投资成本效率参数 c_i 的变大而减小,即环境污染治理投资成本越高,每个地区越减少对环境污染治理的投资；与非累积性污染物排放造成的环境损害无关，即非累积性污染物导致的环境损害对环境污染治理投资未产生影响，这可能是因为环境污染治理投资的主要目的是降低污染物存量。

由命题 5.2 中地区 $i(i=1,2)$ 的最优价值函数表达式可知，在非合作治理博弈情况下，每个地区的最优收益将随着非累积性污染物对本地区损害程度 ε_{ii} 的加深而减小，即非累积性污染物对本地区造成较多损害时，每个地区的收益将会减少；随相邻地区的非累积性污染物排放量对本地区损害程度 $\varepsilon_{(3-i)i}$ 的加深而减少，即相邻地区的非累积性污染物排放对本地区产生较大破坏时，每个地区的收益将会减少；随累积性污染物在污染物排放量中的比重 μ_i 增大而减少，即累积性污染物排放量增加时，每个地区的收益将会减少；污染物存量损害程度 h_i 的加深而减少，即污染物存量造成较多损害时，每个地区的收益将减少。

由命题 5.2 中两相邻地区间在非合作治理博弈情况下污染物存量 $x^N(t)$ 随时间 t 动态变化的表达式可知，当 $t\to+\infty$ 时，$\lim\limits_{t\to+\infty} x^N(t)=\lim\limits_{t\to+\infty}\left[\left(x_0-\dfrac{\alpha}{\delta}\right)e^{-\delta t}+\dfrac{\alpha}{\delta}\right]=\dfrac{\alpha}{\delta}$，即非合作博弈下的污染物存量趋于$\dfrac{\alpha}{\delta}$，由此可得如下命题 5.3。

命题 5.3 两相邻地区间在非合作治理博弈情况下污染物存量 $x^N(t)$ 随时间 t 推移的最优动态路径受到初始污染物存量 x_0 的影响较大，主要分为以下三种具体情况：①当初始污染物存量 $x_0<\dfrac{\alpha}{\delta}$时，污染物存量 $x^N(t)$ 随着时间的推移呈上升趋势；②当初始污染物存量 $x_0=\dfrac{\alpha}{\delta}$时，污染物存量 $x^N(t)$ 不随时间的变化而变化；③当初始污染物存量 $x_0>\dfrac{\alpha}{\delta}$时，污染物存量 $x^N(t)$ 随着时间的推移呈下降趋势(图 5.3)。

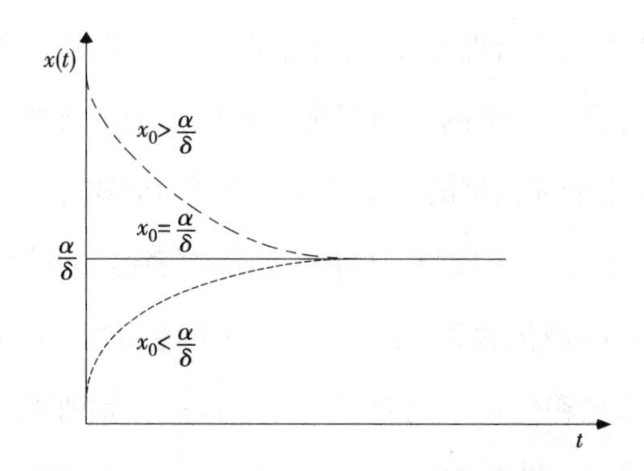

图 5.3　污染物存量 $x^N(t)$ 受初始存量 x_0 影响下的动态变化图

证明：对 $x^N(t)$ 关于时间 t 求一阶偏导数可得，$(x^N(t))'=-\delta\left(x_0-\frac{\alpha}{\delta}\right)e^{-\delta t}$。显然，当初始污染物存量 $x_0<\frac{\alpha}{\delta}$ 时，$(x^N(t))'>0$，$x^N(t)$ 表现为单调递增，即污染物存量 $x^N(t)$ 随着时间的推移呈上升趋势；当初始污染物存量 $x_0=\frac{\alpha}{\delta}$ 时，$(x^N(t))'=0$，$x^N(t)$ 为恒值，即污染物存量 $x^N(t)$ 不随时间的变化而变化；当初始污染物存量 $x_0>\frac{\alpha}{\delta}$ 时，$(x^N(t))'<0$，$x^N(t)$ 表现为单调递减，即污染物存量 $x^N(t)$ 随时间的推移呈下降趋势。

命题 5.3 证毕。

由命题 5.3 可知，当初始污染物存量 $x_0<\frac{\alpha}{\delta}$ 时，随着时间的推移，污染物存量 $x^N(t)$ 呈上升趋势，这主要是因为在非合作治理博弈情况下，每个地区更多关注自身的利益，倾向于追求经济发展，忽视了环境保护的投入，从而使得污染物存量不断增加，显然此时非合作不利于改变环境污染的严重形势。这也说明地方政府为取得自身利益而损害整体利益，特别是在保护生态环境和谋求经济利益的复杂矛盾中，地方政府总会根据最大化自身效用的重要原则选定其利己行为，而漠视其行为本身所造成的负外部性的不利影响，最终使得那些带来正外部性影响的有利行为明显减少，甚至可能造成“公地悲剧”。

当初始污染物存量 $x_0=\frac{\alpha}{\delta}$ 时，污染物存量 $x^N(t)$ 不会随着时间的推移而发生变化，即污染物存量保持一种动态平衡。由于初始污染物存量达到一定程度，尤其是在环境污染较严重的情况下，两个相邻地区虽然在环境污染治理方面进行合作，但是在环境保护政策的限制下，可能会采取相应的措施，保证环境污染形势不至于变得更加严峻，以达到区域性环境质量的标准。

当初始污染物存量 $x_0>\frac{\alpha}{\delta}$ 时，随着时间的推移，污染物存量 $x^N(t)$ 呈现下降趋势。此时，当环境保护重要性不断增加时，地方政府在经济发展到一定程度时，更加重视环境保护，从而使得环境质量不断改善。该现象间接地证实环境库兹涅茨曲线理论的内容：随着经济的持续高速增长，环境质量首先会不断下降，然后到达最低点，最后再逐渐上升，即经济增长与环境质量表现为倒“U”形关系。因而，地方政府的各种行为取舍会随着经济的发展状况而不断改变，可能会着重考虑环境容量问题，即不再纯粹谋求经济的快速增长，而是探索生态保护和经济发展的“双赢”之路，从而使得经济社会发展中可能出现的各种负面环境影响在生态环境承载力的阈值范围之内。

5.4.2　地区间合作治理博弈下地方政府的最优策略

两相邻地区通过达成合作协议开展合作治理跨界污染时，以实现最大共同利益为目标，考虑达成最优的环境保护税、环境污染治理投资等策略。此时，为了使环境合作治理可持续，要保证每个地区在合作治理期间的任何一个时刻都不偏离各方已达成的合作协议，务必满足群体理性和个体理性原则。所谓群体理性主要是指：各个地区在环境合作治理时获得的总收益不能够低于各个地区在非合作治理污染时获得的总收益，而个体理性是指：每个地区在环境合作治理期间所获得的收益不低于其选择非合作治理时取得的收益。故两个相邻地区在合作治理博弈下共同收益最大化的联合效用目标函数和约束条件可描述为：

$$W^C = \max_{\substack{p_1(t),I_1(t)\\p_2(t),I_2(t)}} \int_0^\infty e^{-rt}\left\{\left[a_1E_1^*(t) - \frac{1}{2}E_1^{*2}(t)\right] + \left[a_2E_2^*(t) - \frac{1}{2}E_2^{*2}(t)\right] + \right.$$

$$p_1(t)(1-b_1)E_1^*(t) + p_2(t)(1-b_2)E_2^*(t) - \frac{1}{2}c_1I_1^2 - \frac{1}{2}c_2I_2^2 -$$

$$\left.(\varepsilon_{11}+\varepsilon_{12})(1-b_1)E_1^*(t) - (\varepsilon_{22}+\varepsilon_{21})(1-b_2)E_2^*(t) - (h_1+h_2)x(t)\right\}\mathrm{d}t$$

$$S.t.\begin{cases}\dot{x}(t) = \sum\limits_{i=1}^{2}\mu_i(1-b_i)E_i(t) - \sum\limits_{i=1}^{2}\theta_iI_i(t) - \delta x(t)\\ x(0) = x_0, x(t) \geqslant 0\end{cases} \tag{5.31}$$

其中，W^C 表示地区 1 和地区 2 在合作治理博弈情况下的共同收益。对式(5.31)的动态最优控制问题进行求解，可得到最优解的显式表达式，并且合作治理博弈下地区 $i(i=1,2)$ 的均衡结果均以上标“C”的形式表示。

命题 5.4　两相邻地区间在合作治理博弈情况下地区 $i(i=1,2)$ 的均衡结果可分别具体表示如下：

①地区 $i(i=1,2)$ 的最优的环境保护税 $p_i^C(t)(i=1,2)$ 为：

$$p_i^C(t)=\frac{1}{\lambda_i+2}\left[\varepsilon_{ii}+\varepsilon_{i(3-i)}+\frac{\mu_i(h_i+h_{3-i})}{r+\delta}+\frac{a_i\lambda_i}{1-b_i}\right](i=1,2)$$

②地区 $i(i=1,2)$ 的最优环境污染治理投资 $I_i^C(t)(i=1,2)$ 为：

$$I_i^C(t)=\frac{\theta_i(h_i+h_{3-i})}{c_i(r+\delta)}(i=1,2)$$

③两个相邻地区的联合价值函数 $V^C(x(t))$ 的表达式为：

$$V^C(x(t)) = \sum_{i=1}^{2}\frac{\lambda_i(1-b_i)^2}{2r(\lambda_i+2)}\left(\frac{2a_i}{1-b_i} - \varepsilon_{ii} - \varepsilon_{i(3-i)} - \frac{\mu_i(h_i+h_{3-i})}{r+\delta}\right)^2 +$$

$$\sum_{i=1}^{2}\frac{\theta_i^2(h_i+h_{3-i})^2}{2rc_i(r+\delta)^2} - \frac{h_1+h_2}{r+\delta}x(t)$$

④污染物存量 $x^C(t)$ 随时间 t 动态变化的表达式为：

$$x^C(t)=\left(x_0-\frac{\beta}{\delta}\right)e^{-\delta t}+\frac{\beta}{\delta}$$

其中，$\beta=\sum_{i=1}^{2}\left[\frac{\mu_i\lambda_i(1-b_i)^2}{\lambda_i+2}\left(\frac{2a_i}{1-b_i}-\varepsilon_{ii}-\varepsilon_{i(3-i)}-\frac{\mu_i(h_i+h_{3-i})}{r+\delta}\right)\right]-\sum_{i=1}^{2}\left[\frac{\theta_i^2(h_i+h_{3-i})}{c_i(r+\delta)}\right]$。

证明：为了获得式(5.31)的动态最优控制问题的最优条件，本节同样运用 Hamilton-Jacobi-Bellman(HJB)方程求解。假定两个相邻地区的联合价值函数为 $V^C(x(t))$，进而满足式(5.31)的 HJB 方程为：

$$\begin{aligned} rV^C(x(t)) = \max_{\substack{p_1(t),I_1(t)\\p_2(t),I_2(t)}}\Big\{&\left[a_1E_1^*(t)-\frac{1}{2}E_1^{*2}(t)\right]+\\ &\left[a_2E_2^*(t)-\frac{1}{2}E_2^{*2}(t)\right]+p_1(t)(1-b_1)E_1^*(t)+\\ &p_2(t)(1-b_2)E_2^*(t)-\frac{1}{2}c_1I_1^2-\frac{1}{2}c_2I_2^2-(\varepsilon_{11}+\varepsilon_{12})(1-b_1)E_1^*(t)\\ &+V'^C(x(t))\left[\sum_{i=1}^{2}\mu_i(1-b_i)E_i^*(t)-\sum_{i=1}^{2}\theta_iI_i(t)-\delta x(t)\right]-\\ &(\varepsilon_{22}+\varepsilon_{21})(1-b_2)E_2^*(t)-(h_1+h_2)x(t)\Big\} \end{aligned} \tag{5.32}$$

由式(5.32)最大化的一阶偏导数条件得：

$$I_1^C(t)=-\frac{\theta_1}{c_1}V'(x(t)) \tag{5.33}$$

$$I_2^C(t)=-\frac{\theta_2}{c_2}V'(x(t)) \tag{5.34}$$

$$p_1^C(t)=\frac{1}{\lambda_1+2}\left[\varepsilon_{11}+\varepsilon_{12}-\mu_1V'(x(t))+\frac{a_1\lambda_1}{1-b_1}\right] \tag{5.35}$$

$$p_2^C(t)=\frac{1}{\lambda_2+2}\left[\varepsilon_{22}+\varepsilon_{21}-\mu_2 V'(x(t))+\frac{a_2\lambda_2}{1-b_2}\right] \tag{5.36}$$

假定两个相邻地区的联合价值函数 $V^C(x(t))$ 的函数形式为:

$$V^C(x(t))=Mx(t)+N \tag{5.37}$$

其中 M、N 均为未知常数。对式(5.37)关于 $x(t)$ 求导得:

$$V'^C(x(t))=M \tag{5.38}$$

将式(5.38)分别代入式(5.35)、(5.36),再将式(5.35)、(5.36)分别代入式(5.11)、(5.12),得到:

$$E_1^{*C}(t)=\lambda_1[a_1-(1-b_1)p_1^C(t)]=\frac{\lambda_1(1-b_1)}{\lambda_1+2}\left(\frac{2a_1}{1-b_1}-\varepsilon_{11}-\varepsilon_{12}+\mu_1 M\right) \tag{5.39}$$

$$E_2^{*C}(t)=\lambda_2[a_2-(1-b_2)p_2^C(t)]=\frac{\lambda_2(1-b_2)}{\lambda_2+2}\left(\frac{2a_2}{1-b_2}-\varepsilon_{22}-\varepsilon_{21}+\mu_2 M\right) \tag{5.40}$$

将式(5.38)分别代入式(5.33)-(5.36),再将式(5.33)-(5.40)分别代入式(5.32),可解得:

$$M=-\frac{h_1+h_2}{r+\delta} \tag{5.41}$$

$$N=\frac{1}{2r}\left[\frac{\lambda_1(1-b_1)^2}{\lambda_1+2}\left(\frac{2a_1}{1-b_1}-\varepsilon_{11}-\varepsilon_{12}+\mu_1 M\right)^2+\left(\frac{\theta_1^2}{c_1}+\frac{\theta_2^2}{c_2}\right)M^2+\frac{\lambda_2(1-b_2)^2}{\lambda_2+2}\left(\frac{2a_2}{1-b_2}-\varepsilon_{22}-\varepsilon_{21}+\mu_2 M\right)^2\right] \tag{5.42}$$

将式(5.41)代入式(5.38),再将式(5.38)分别代入式(5.33)-(5.36),即可分别得到 $I_i^C(t)(i=1,2)$、$p_i^C(t)(i=1,2)$;将式(5.41)、(5.42)代入式(5.37),即得到 $V^C(x(t))$;将式(5.33)、(5.34)、(5.39)以及(5.40)代入式(5.4),得到:

$$\dot{x}(t)=\beta-\delta x(t) \tag{5.43}$$

其中，$\beta = \sum_{i=1}^{2}\left[\frac{\mu_i\lambda_i(1-b_i)^2}{\lambda_i+2}\left(\frac{2a_i}{1-b_i}-\varepsilon_{ii}-\varepsilon_{i(3-i)}-\frac{\mu_i(h_i+h_{3-i})}{r+\delta}\right)\right] - \sum_{i=1}^{2}\left[\frac{\theta_i^2(h_i+h_{3-i})}{c_i(r+\delta)}\right]$。

求解微分方程式(5.43)，即得 $x^C(t)$。

命题5.4证毕。

由命题5.4中地区 $i(i=1,2)$ 的最优环境保护税表达式可知，在合作治理博弈情况下，每个地区的最优环境保护税与非累积性污染物排放对本地区的损害程度 ε_{ii}、非累积性污染物排放对其相邻地区的损害程度 $\varepsilon_{i(3-i)}$、累积性污染物在污染物排放量中的比重 μ_i，以及污染物存量损害程度 h_i 均呈正相关，表明随着非累积性以及累积性污染物对本地区与相邻地区造成较多损害时，每个地区将提高环境保护税；与工业企业污染物减排比重 b_i 呈正相关关系，即工业企业增加环境污染治理投资，降低污染物排放时，每个地区将加大环境保护力度，提高环境保护税，促进工业企业进行污染治理投资，防止环境污染形势进一步恶化。

由命题5.4中地区 $i(i=1,2)$ 的最优环境污染治理投资表达式可知，在合作治理博弈情况下，每个地区的最优环境污染治理投资量与非累积性污染物的损害程度 ε_{ii} 或 $\varepsilon_{i(3-i)}$ 无关，表明每个地区的环境污染治理投资主要是降低污染物存量，没有对非累积性污染物的损害产生影响；与本地区以及相邻地区的污染物存量损害程度 h_i 呈正相关关系，表明随着污染物存量造成损害的增多，每个地区将提高环境污染治理投资；与环境污染治理投资所削减污染物的程度 θ_i 呈正相关关系，表明单位环境污染治理投资较少污染物较多时，每个地区将增加环境污染治理投资；与环境污染治理投资成本效率参数 c_i 呈负相关关系，表明环境污染治理投资成本较高时，每个地区将减少环境污染治理投资。

由命题5.4中地区间合作治理框架下最优的价值函数表达式可知，地区间的总收益与非累积性污染物对本地区以及相邻地区损害程度 ε_{ii} 和 $\varepsilon_{i(3-i)}$ 均呈负相关关系，表明非累积性污染物对本地区以及相邻地区造成更多损害时，地区间的总收益将会下降；与累积性污染物在污染物排放量中的比重 μ_i 呈负相关关系，表明累积性污染物排放量增加时，地区间的总收益同样会下降。

由命题 5.4 中两相邻地区间在合作治理博弈情况下的污染物存量 $x^C(t)$ 随时间 t 的动态变化表达式可知，当 $t\to+\infty$ 时，$\lim\limits_{t\to+\infty} x^C(t)=\lim\limits_{t\to+\infty}\left[\left(x_0-\dfrac{\beta}{\delta}\right)e^{-\delta t}+\dfrac{\beta}{\delta}\right]=\dfrac{\beta}{\delta}$，即合作治理博弈情况下的污染物存量趋于$\dfrac{\beta}{\delta}$，由此可得如下命题 5.5。

命题 5.5 两相邻地区在合作治理博弈情形下污染物存量 $x^C(t)$ 随时间 t 推移的最优动态变化同样受到初始污染物存量 x_0 的影响较大，主要分为以下三种具体情况：①当初始污染物存量 $x_0<\dfrac{\beta}{\delta}$时，污染物存量 $x^C(t)$ 随着时间推移呈逐渐上升趋势；②当初始污染物存量 $x_0=\dfrac{\beta}{\delta}$时，污染物存量 $x^C(t)$ 不会随时间的变化而改变；③当初始污染物存量 $x_0>\dfrac{\beta}{\delta}$时，污染物存量 $x^C(t)$ 随着时间推移呈逐渐下降趋势。

证明：对 $x^C(t)$ 关于时间 t 求一阶偏导数可得，$(x^C(t))'=-\delta\left(x_0-\dfrac{\beta}{\delta}\right)e^{-\delta t}$。显而易见，当初始污染物存量 $x_0<\dfrac{\beta}{\delta}$时，$(x^C(t))'>0$，$x^C(t)$ 单调递增，即污染物存量 $x^C(t)$ 随着时间的推移呈上升趋势；当初始污染物存量 $x_0=\dfrac{\beta}{\delta}$时，$(x^C(t))'=0$，$x^C(t)$ 为恒值，即污染物存量 $x^C(t)$ 不随时间的变化而改变；当初始污染物存量 $x_0>\dfrac{\beta}{\delta}$时，$(x^C(t))'<0$，$x^C(t)$ 单调增减，即污染物存量 $x^C(t)$ 随着时间的推移呈下降趋势。

命题5.5证毕。

由命题5.5可知,当初始污染物存量$x_0<\frac{\beta}{\delta}$时,随着时间的推移,污染物存量$x^C(t)$呈上升趋势。这也反映了每个地区虽然通过协议达成合作治理环境污染,但是受到各个地区间存在的经济发展水平差异的影响,并没有产生相应的效果。这可能是因为经济较为发达的地区更加关注"环境问题"而重视生态保护,持续地探索环境保护和经济增长协调发展的道路。相反,经济水平欠发达地区可能会聚焦"发展问题"而将资金、人力等各种资源倾注到经济快速发展中,虽然会促进地区经济高速增长,也会严重毁坏生态环境。类似地,为了推动各国家完成全球性温室气体的减排目标,许多国家共同签订了《京都议定书》,但是其取得的实践效果并不理想。因此,在合作框架下,各地区必须通过签订相关协议、补偿等方式,使合作方案得以有效执行,共同控制污染物排放量,特别是在累积性污染物在污染物排放量中所占比重较大时,更有必要降低污染物排放量,以免造成更加严重的环境污染。

当初始污染物存量$x_0=\frac{\beta}{\delta}$时,污染物存量$x^C(t)$为恒值$\frac{\beta}{\delta}$,说明无论时间如何变化,污染物存量总是保持动态平衡。在污染物总量控制制度的制约下,如果初始污染物存量达到某值,两个相邻地区若开展区域环境污染治理合作,很可能采取相应的环境污染治理措施,以保证区域污染物总量控制在一定的数量,从而达到区域性环境质量的标准。

当初始污染物存量$x_0>\frac{\beta}{\delta}$时,随着时间的推移,污染物存量$x^C(t)$呈下降趋势。此时,由于初始污染物存量较大,两个相邻地区为了改变环境污染的严峻形势,通过合作治理环境污染,倾向于增加环境污染治理投入以及提高环境保护税,使得污染物存量减少,有利于跨界环境污染的治理。总之,随着我国环境保护理念的确定、环境保护法规和政策的构建与完善等一系列利好因素，每个地区在经济社会发展中以环境的自我承载能力和自我净化能力为界限，积极致力于构建一种以人与自然环境和谐共处为宗旨的良好生态经济发展机制。在此背景下，污染物存量能够保持在自然环境容量内，最终达到一种动态平衡。

5.5 非合作与合作治理博弈下最优策略的比较分析

命题 5.6　合作治理博弈下每个地区的最优环境保护税要高于非合作治理博弈下每个地区的最优环境保护税。

证明：将非合作与合作治理博弈情形下的地区 $i(i=1,2)$ 的最优环境保护税进行比较，可得：

$$p_i^C(t)-p_i^N(t)=\frac{1}{\lambda_i+2}\left[\varepsilon_{i(3-i)}+\frac{\mu_i h_{3-i}}{r+\delta}\right]>0$$

命题 5.6 证毕。

由命题 5.6 可看出，合作治理博弈下每个地区的最优环境保护税高于非合作治理博弈下的最优环境保护税。这是因为每个地区在非合作情况下不会协调彼此的环境污染治理行为，而仅仅追求自身利益的最大化，更不会考虑其污染物排放对其他地区的损害，即便环境污染非常严重，也不会单方面改变此形势，最终可能使环境污染形势越来越严峻。但是，在合作治理博弈下，由于非累积性污染物对相邻地区损害以及对污染物存量的损害，每个地区将关注区域整体效用的最优值，提高环境保护税，从而控制污染物排放量。更重要的是，每个地区只有在合作框架下制定环境污染治理决策时，才会考虑非累积性污染物排放对相邻地区的损害。

命题 5.7　合作治理博弈下每个地区的最优环境污染治理投资高于非合作治理博弈下每个地区的最右环境污染治理投资。

证明:将非合作与合作治理博弈下地区 $i(i=1,2)$ 的最优环境污染治理投资进行比较分析,可得:

$$I_i^C(t)-I_i^N(t)=\frac{\theta_i h_{3-i}}{c_i(r+\delta)}>0$$

命题 5.7 证毕。

由命题 5.7 可看出,每个地区在合作治理博弈时的最优环境污染治理投资高于非合作治理博弈时的最优环境污染治理投资。这主要是因为两个相邻地区通过合作治理环境污染时,要考虑到污染物存量对其相邻地区的边际损害 h_i。因此,为了提升区域整体的环境质量,每个地区就会倾向于增加环境污染治理投资,进而减少环境污染物的存量,最终促进区域环境质量显著改善。此外,无论是非合作治理还是合作治理博弈,每个地区的最优环境污染治理投资均与污染物存量损害呈正相关,而与非累积性污染物的损害无关。

命题 5.8　合作治理博弈下地区间的共同收益高于非合作治理博弈下地区间的共同收益。

证明:将非合作治理与合作治理博弈情形下地区间的总收益进行比较,可得合作剩余 $V(x(t))$ 为:

$$V(x(t)) = V^C(x(t)) - (V_1^N(x(t)) + V_2^N(x(t))) =$$

$$\frac{1}{2r}\sum_{i=1}^{2}\left[\frac{\lambda_i(1-b_i)^2}{2r(\lambda_i+2)}\left(\varepsilon_{i(3-i)}+\frac{\mu_i h_{3-i}}{r+\delta}\right)^2+\frac{\theta_i^2 h_{3-i}^2}{2rc_i(r+\delta)^2}\right]>0$$

命题 5.8 证毕。

由命题 5.8 可看出,两个相邻地区进行区域环境污染治理合作时,明显能够提升整个区域的全部收益。这主要是因为地区间通过一定方式进行跨界环境污染治理时,虽然每个地区在经济水平、社会发展状态、生态保护重视程度以及治污技术水平等存在着差别,但是利于全部区域资源的优化配置,最终有助于整个区域获得最大化的环境经济利益。此外,各地区间的合作剩余与非累积性污染物对相邻地区的损害程度、累积性污染物在瞬时污染物排放量中所占的比重,以及污染物存量造成的损害程度均为正相关关系,而与非累积性污染物对本地区的损害程度不存在相关关系,表明非累积性污染物对相邻地区造成较大损害时,两个相邻地区的合作剩余将会增加;累积性污染物排放量增加时,两个相邻地区的合作剩余将会增加;污染物存量造成更大的损失时,两个相邻地区的合作剩余也将增加。

除此之外,由命题 5.8 可知,各个地区在合作治污时获得的总收益要高于其非合作治污时获得的总收益,换言之,选择合作治污方式对两个相邻地区整体而言是比较有利的。然而,作为个体理性的地方政府在决定是否选择合作治理时往往先考虑其内部收益情况,进而考虑其外部以及整体的收益情况。仅仅在该地区通过合作获得的收益至少不低于其在非合作时获得的收益,地方政府才有可能选择合作治污方式。

不失一般性,令 $\varphi_i=\dfrac{\lambda_i(1-b_i)^2\mu_i h_i}{r(\lambda_i+2)(r+\delta)}\left(\varepsilon_{i(3-i)}+\dfrac{\mu_i h_{3-i}}{r+\delta}\right)$,$\varpi_i=\dfrac{\theta_i^2 h_{3-i}^2}{2r(r+\delta)^2 c_i}$,$\eta_i=\dfrac{\lambda_i(1-b_i)^2}{2r(\lambda_i+2)}\left(\varepsilon_{i(3-i)}+\dfrac{\mu_i h_{3-i}}{r+\delta}\right)$,$\psi_i=\dfrac{\lambda_{3-i}(1-b_{3-i})^2}{r(\lambda_{3-i}+2)}\left(\varepsilon_{(3-i)i}+\dfrac{\mu_{3-i}h_i}{r+\delta}\right)^2$,$\gamma_i=\dfrac{\theta_{3-i}^2 h_i^2}{r(r+\delta)^2 c_{3-i}}$。可得到如下命题 5.9。

命题 5.9　当 $\varphi_i+\psi_i+\gamma_i\geqslant\eta_i+\varpi_i\,(i=1,2)$ 时,各地区能够签订合作治污的相关协议;当 $\varphi_i+\psi_i+\gamma_i\leqslant\eta_i+\varpi_i\,(i=1,2)$ 时,各地区需构建相应的机制来实现转移支付,从而积极推动合作治理污染。

证明:将最优解 $E_i^{*C}(t)$、$E_{3-i}^{*C}(t)$、$I_i^C(t)$、$p_i^C(t)$ 以及 $x^C(t)$ 分别代入上述的目标函数(5.7),可以得到地区 $i(i=1,2)$ 在合作治理博弈下的收益 W_i^C 为:

$$W_i^C=\int_0^\infty e^{-rt}\Big[a_iE_i^{*C}(t)-\frac{1}{2}(E_i^{*C}(t))^2+p_i^C(t)(1-b_i)E_i^{*C}(t)-\frac{1}{2}c_i(I_i^C(t))^2-\varepsilon_{ii}(1-b_i)E_i^{*C}(t)-\varepsilon_{(3-i)i}(1-b_{3-i})E_{3-i}^{*C}(t)-h_ix^C(t)\Big]\,\mathrm{d}t$$

同理,将最优解 $E_i^{*N}(t)$、$E_{3-i}^{*N}(t)$、$I_i^N(t)$、$p_i^N(t)$ 以及 $x^N(t)$ 分别代入上述目标函数(5.7),可以得到地区 $i(i=1,2)$ 在非合作治理博弈下的收益 W_i^N 为:

$$W_i^N = \int_0^\infty e^{-rt}\left[a_iE_i^{*N}(t) - \frac{1}{2}(E_i^{*N}(t))^2 + p_i^N(t)(1-b_i)E_i^{*N}(t) - \frac{1}{2}c_i(I_i^N(t))^2 - \varepsilon_{ii}(1-b_i)E_i^{*N}(t) - \varepsilon_{(3-i)i}(1-b_{3-i})E_{3-i}^{*N}(t) - h_ix^N(t)\right]\mathrm{d}t$$

因此，地区 $i(i=1,2)$ 在合作治理与非合作治理博弈下的收益之差就是：

$$W_i^C - W_i^N = \frac{\lambda_i(1-b_i)^2}{r(\lambda_i+2)}\left(\varepsilon_{i(3-i)}+\frac{\mu_ih_{3-i}}{r+\delta}\right)\left(\frac{\mu_ih_i}{r+\delta}-\frac{1}{2}\right)+\frac{\lambda_{3-i}(1-b_{3-i})^2}{r(\lambda_{3-i}+2)}\left(\varepsilon_{(3-i)i}+\frac{\mu_{3-i}h_i}{r+\delta}\right)^2+\frac{1}{r(r+\delta)^2}\left(\frac{\theta_{3-i}^2h_i^2}{c_{3-i}}-\frac{\theta_i^2h_{3-i}^2}{2c_i}\right)$$

$$=\varphi_i+\psi_i+\gamma_i-\eta_i-\varpi_i$$

由此可得到，当 $\varphi_i+\psi_i+\gamma_i\geqslant\eta_i+\varpi_i$ 时，$W_i^C\geqslant W_i^N$，即每个地区选择合作时的收益均不低于其非合作时的收益，此时，每个地区都愿意合作治理，因此，各地区就可合作治理环境污染；当 $\varphi_i+\psi_i+\gamma_i\leqslant\eta_i+\varpi_i$ 时，$W_i^C<W_i^N$，即各地区合作治理污染时，地区 $i(i=1,2)$ 选择合作时的收益低于其非合作时的收益，而由命题 5.8 可知，各地区在合作治理博弈下的总收益要高于其在非合作治理博弈下的总收益。所以，地区 $3-i(i=1,2)$ 通过合作获得的收益必然高于其在非合作时获得的收益，并且其收益的增量必然高于地区 $i(i=1,2)$ 收益的减少量。这时，收益增加的地区就有意愿、更有能力通过生态补偿方式、收益分配方式等补偿收益受损的地区，以使得收益减少的地区合作治理时的收益最终达到至少不低于其在非合作治理时的收益状态，进而推动各地区合作治理污染。

命题 5.9 证毕。

由命题 5.9 可知，地方政府在决定是否要合作治理环境污染时，首先要考虑其内部的利益情况，然后斟酌外部的合作问题。但在现实中，由于技术、环境以及经济等方面存在一定差异，各个地区并非都能从环境合作治理中直接获得益处，甚至在某些特殊情况下很有可能受到一定损失。此时，为了实现环境合作治理以实现整个区域的全部社会福利最大化，各个地区间有必要设计一种既能够满足集体理性，又能够满足个体理性的生态补偿机制、收益分配机制、成本分摊机制等收益转移机制,以促使各个地区间的环境合作治理协议的达成与执行。

5.6 数值分析

本节运用 Matlab 计算分析工具,对工业企业以及地方政府的最优策略及其影响因素进行分析,以期获得有益的结论,为地方相关部门提供决策参考。由于两个相邻地区分别代表不同的地区,经济发展水平存在一定差异,地方政府进行环境治理的程度也随之不同。本节在设置各项参数时充分考虑实际情况,尽可能地符合地区经济发展实情,因而通过对有关参数进行差异化赋值,运用数据模拟法考察两个相邻地区非合作治理以及合作治理博弈下合理的环境保护税、环境污染治理投资以及污染物存量的动态变化等。因此,本节的基本参数具体赋值如下:工业企业的效用系数 $a_1=200, a_2=150$;环境污染治理投资成本系数 $\tau_1=4, \tau_2=8$;污染物减排比例 $b_1=0.5, b_2=0.25$。地方政府的投资治理成本系数 $c_1=4, c_2=2$;污染物存量削减量 $\theta_1=2, \theta_2=1$。累积性污染物占瞬时污染物排放量的比重 $\mu_1=0.4, \mu_2=0.6$;污染物存量损害程度 $h_1=4, h_2=2$;非累积性污染物对本地区及相邻地区的损害程度 $\varepsilon_{11}=0.5, \varepsilon_{22}=0.8, \varepsilon_{12}=0.2, \varepsilon_{21}=0.4$;初始污染物存量 $x_0=70$;贴现率 $r=0.05$;自然分解率 $\delta=0.2$。

5.6.1 地区间最优策略与总效用的对比分析

从表 5.1 可以看出,非合作治理博弈情况下,地区 1 的最优环境保护税 $p_1^N(t)$ 为 82.76,地区 2 的最优环境保护税 $p_2^N(t)$ 为 52.10,而在合作治理博弈下,地区 1 的最优环境保护税 $p_1^C(t)$ 为 84.12,地区 2 的最优环境保护税 $p_2^C(t)$ 为 55.85。因此,无论任何一个地区,只要通过地区合作治理跨界环境污染,都会提高环境保护税,减少污染物排放,显然合作治理有利于区域整体环境质量的改善。此外,非合作治理博弈情况下,地区 1 的最优环境污染治理投资 $I_1^N(t)$ 为 8,地区 2

的最优环境污染治理投资 $I_2^N(t)$ 为 4,而在合作治理博弈下,地区 1 的最优环境污染治理投资 $I_1^C(t)$ 为 12,地区 2 的最优环境污染治理投资 $I_2^C(t)$ 为 12。由此看出,在合作治理博弈情况下,任意一个地区都会增加环境污染治理投资,减少污染物存量,显然合作治理方式有利于创造更加优良的生活环境。上述算例验证了命题 5.6 和命题 5.7 的结论,合作治理博弈情况下,地区间的最优环境保护税和环境污染治理投资均高于非合作博弈情况下的对应值。

表 5.1 地区间非合作与合作治理博弈情况下最优策略以及收益情况

	非合作治理博弈情况		合作治理博弈情况	
	地区 1	地区 2	地区 1	地区 2
环境保护税	82.76	52.10	84.12	55.85
污染治理投资	8.00	4.00	12.00	12.00
污染治理总收益	$V^N(x(t))=526\ 278.82-24x(t)$		$V^C(x(t))=528\ 345.27-24x(t)$	

图 5.4 表明,两个相邻地区在合作治理博弈情况下的总收益高于非合作治理博弈情况下的总收益,并且合作剩余为 2 066.41,这也符合群体理性的条件。此算例验证了命题 5.8 的结论。合作治理博弈情况下地区间的总收益比非合作治理博弈情况下的总收益高,这说明地区间通过合作治理环境污染时,能够提升双方的污染治理投资,给双方带来更多的收益。

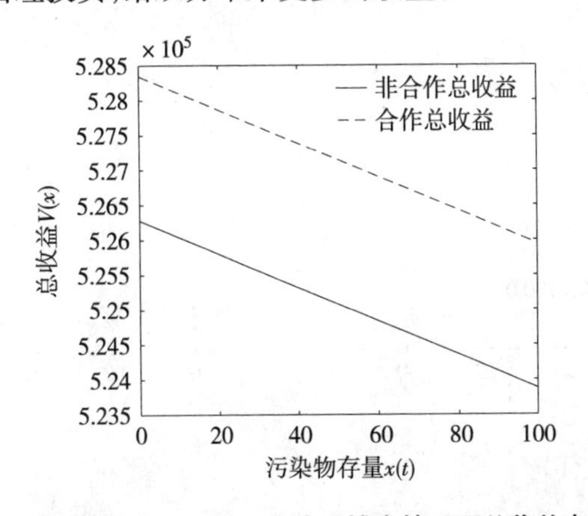

图 5.4 地区间在非合作和合作治理博弈情况下总收益变化情况

5.6.2 污染物存量的最优轨迹分析

根据参数设置情况,污染物存量动态变化的表达式分别为:非合作治理博弈下污染物存量的动态变化的表达式为 $x(t)=-75.70e^{-0.2t}+145.70$;合作治理博弈下污染物存量的动态变化的表达式为 $x(t)=8.86e^{-0.2t}+61.12$。此外,由于非合作治理与合作治理博弈下污染物存量的最优路径受各因素的影响较类似,本节仅仅分析非合作治理博弈下污染物存量的最优路径,并且图 5.5 展示了其随着治理方式、初始污染物存量以及自然分解率的变化情况。

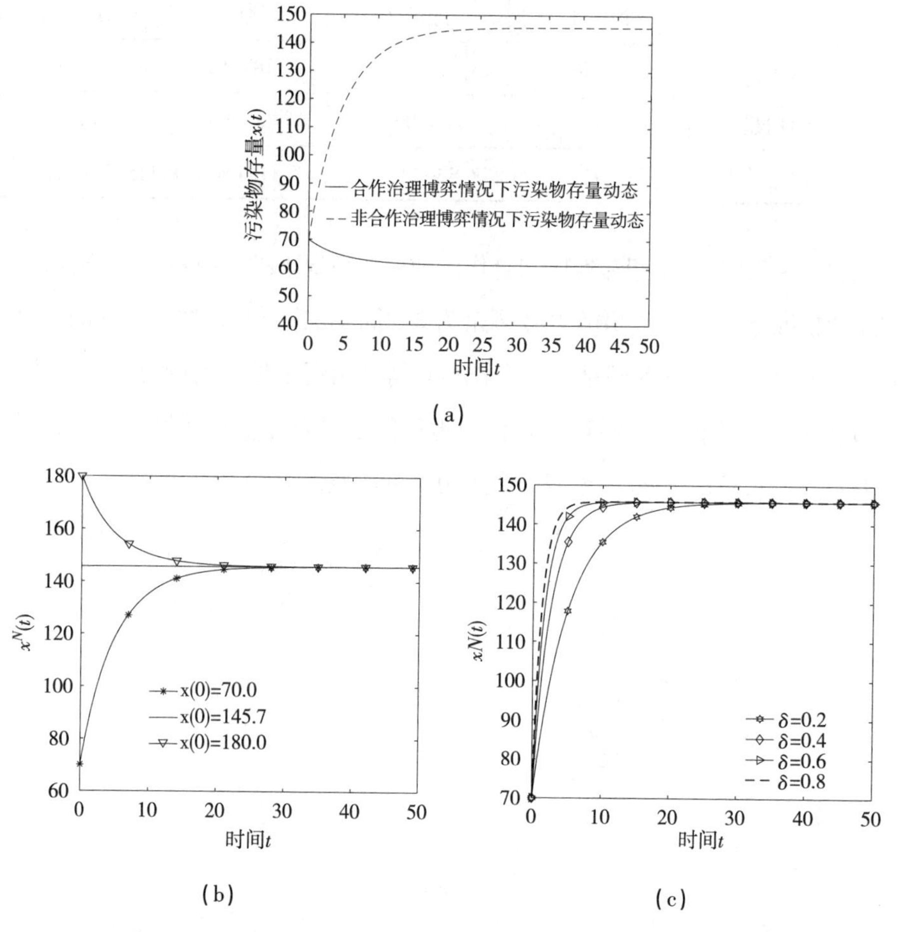

图 5.5 治理方式、初始存量 $x(0)$ 以及自然分解率 δ 对污染物存量最优轨迹的影响

从图 5.5(a)可以看出,非合作治理博弈下污染物存量高于合作治理博弈下污染物存放量,表明地区间若合作治理环境污染,可通过增加污染治理投资来治理污染物存量以及提高环境保护税来减少累积性污染物排放,使污染物存量逐渐减少,促进环境质量的提升。此外,随时间推移,无论是非合作治理还是合作治理博弈下,污染物存量都随时间不断变化,最终趋于稳定状态,但合作治理博弈下污染物存量更快趋于较低的稳定状态。

图 5.5(b)表明,在非合作治理博弈情况下,污染物存量在不同初始存量的影响下呈现不同的动态变化轨迹,但最终均会稳定于相同的污染物存量水平。合作治理博弈下污染物存量的动态变化轨迹类似于非合作治理博弈下污染物存量的动态变化轨迹,在此不再赘述。此算例验证了命题 5.3 的结论。

图 5.5(c)表明,在非合作治理博弈情况下,污染物存量在自然分解率 δ 的影响下呈现不同的动态变化轨迹,最终均会稳定于相同的污染物存量水平,但是,如果自然分解率越大,那么污染物存量会更快趋于稳定水平。合作治理博弈下污染物存量受到自然分解率 δ 的影响的动态变化轨迹类似于非合作治理博弈下,不再赘述。

5.6.3 最优污染物排放量分析

由命题 5.1 可知,工业企业 $i(i=1,2)$ 将制定一个最优污染物排放量,使得其效用最大。那么,随着环境保护税与工业企业污染物减排比例的弹性变化,最优污染物排放量将随之发生一定变化。由于地区间无论是非合作治理还是合作治理博弈,工业企业 1 与 2 的最优污染物排放量的影响因素均类似,本节仅仅分析地区间开展非合作治理博弈时的工业企业 1 的最优污染排放量的变化情况。图 5.6 不仅展现了工业企业 $i(i=1,2)$ 的最优污染物排放量随环境保护税的弹性变化情况,还展现了其随工业企业污染物减排比例的弹性变化情况。

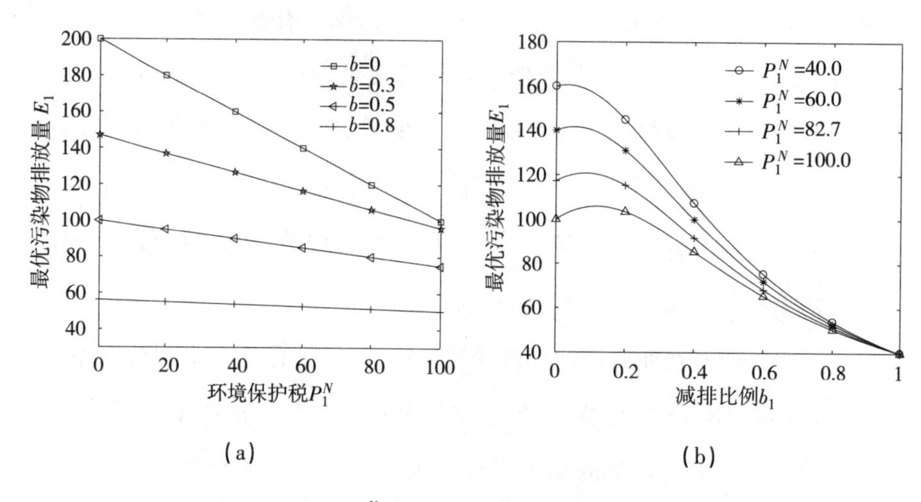

图 5.6　参数 p_1^N 和 b_1 对最优污染物排放量的影响

由图 5.6(a)可知,在非合作治理博弈情况下,工业企业的最优污染排放量随着环境保护税的提高而减少,即当地方政府提高环境保护税时,工业企业将降低污染物排放量,这主要是因为当地方政府提高环境保护税,工业企业的生产成本增加,其收益增量小于成本增量,使得工业企业减少污染物的排放量。此外,从图 5.6(b)中可看出,工业企业的最优污染物排放量与污染物减排比例(工业企业的环境污染治理投资)呈倒"U"型关系,即存在一个最优的污染物减排比例,使得工业企业的最优污染物排放量达到最大。这是因为工业企业的减排比重较小,即其环境污染治理投资较少时,其污染物排放量就较多,但是随着环境污染治理投资的增加,其污染物排放量就会随之下降。合作治理博弈情况下的工业企业污染物排放量的动态变化类似于非合作治理博弈下的这种变化,在此不再赘述。此算例验证了命题 5.1 的结论。

5.6.4　最优环境保护税分析

由命题 5.2 和 5.4 可知,合作治理博弈情况下,地方政府 $i(i=1,2)$将制定一个最优环境保护税,使得其效用最大。那么,随着非累积性污染物损害对本

地区的损害程度 ε_{ii}、非累积性污染物损害对相邻地区损害程度 $\varepsilon_{i(3-i)}$、工业企业污染物减排比重 b_i 弹性的变化，最优环境保护税将随之表现出一定变化。无论地区间是非合作治理还是合作治理博弈，每个地区的最优环境保护税的影响因素均类似，本节仅仅分析合作治理博弈下地区 1 的最优环境保护税。图 5.7 不仅展现了地方政府 $i(i=1,2)$ 的最优环境保护税随非累积性污染物损害对本地区及相邻地区损害程度的弹性变化情况，还展现了其随工业企业污染物减排比重的弹性变化情况。

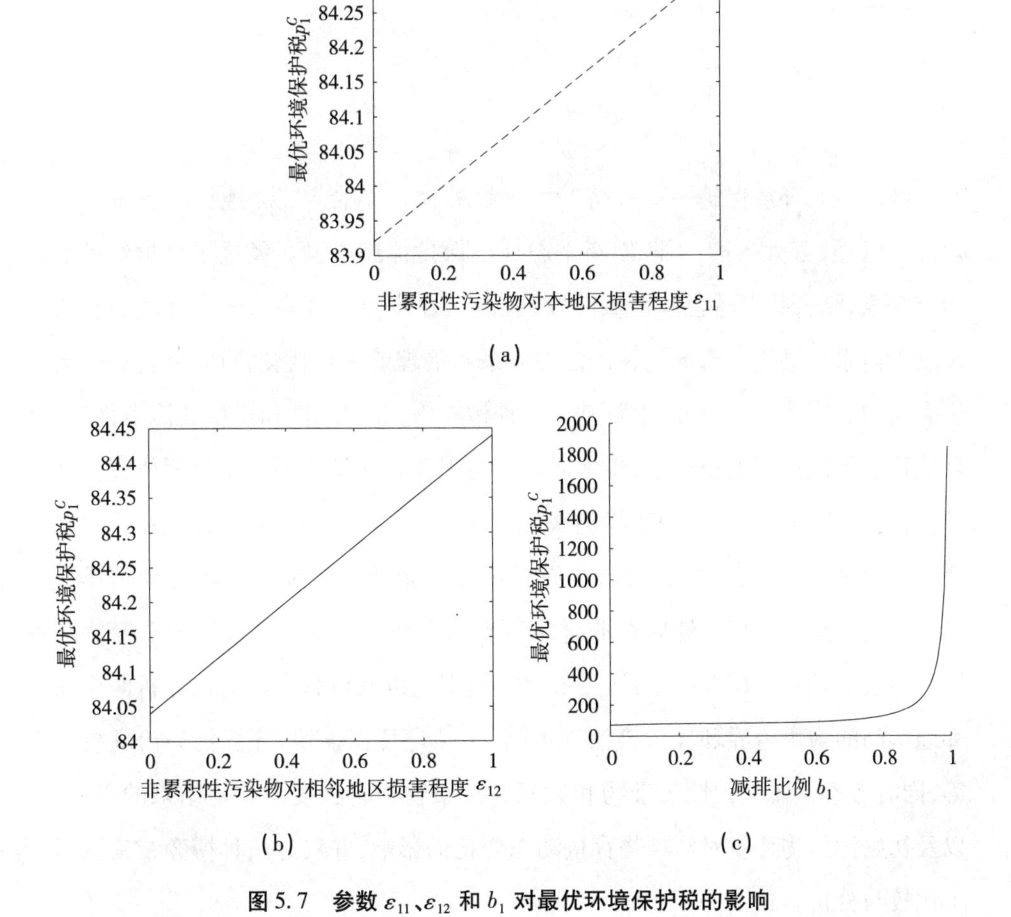

图 5.7 参数 ε_{11}、ε_{12} 和 b_1 对最优环境保护税的影响

由图5.7(a)和(b)可知,在合作治理博弈情况下,地方政府的最优环境保护税会随着非累积性污染物损害对本地区以及相邻地区损害的加深而增加,即当非累积性污染物损害对本地区以及相邻地区产生较大损害时,地方政府将提高环境保护税。此外,由图5.7(c)可看出,地方政府的最优环境保护税会随着工业企业污染物减排比重(工业企业进行环境污染治理投资)的增加而增加,即当工业企业开展环境污染治理投资而减少排放污染物时,地方政府将提高环境保护税,加大环境保护力度,防止污染形势恶化。非合作治理博弈情况下环境保护税的动态变化类似于合作治理博弈下的这一变化,在此不再赘述。此算例验证了命题5.4的结论。

5.7 本章小结

我国生态环境保护一直坚持“污染预防、防治结合”“谁污染、谁治理”“强化环境管理”三大政策,不断创新生态环境保护体制机制。经过半个世纪的努力与探索,结合我国特色和发展阶段,我国已逐步建立并完善生态环境保护管理制度体系。推进生态环境领域治理体系和治理能力现代化,重在坚持和完善生态文明制度体系。为此,本章基于多种污染物(非累积性和累积性污染物)对环境造成不同损害的条件下,将地方政府与工业企业纳入同一个分析研究框架中,首先构建Stackelberg博弈模型来分析作为领导者的地方政府以及作为追随者的工业企业的动态决策过程,从而确定工业企业所选择的最优污染物排放量。随后构建两个相邻地区在非合作治理和合作治理博弈情况下关于跨界环境污染最优控制的博弈模型,运用最优控制理论以及仿真方法对比分析两个相邻地区间的最优跨界环境污染治理策略,包括环境保护税、环境污染治理投资等,同时考察了非累积性污染物和累积性污染物损害程度对均衡结果的影响,以及初始污染物存量对污染物存量动态变化的影响,并对这两种博弈结果进行了比较与分析。

研究结果表明:①每个地区在合作治理博弈下的最优环境保护税要高于非合作治理博弈下的最优环境保护税,因为每个地区只在合作治理博弈时考虑其非累积性污染物排放给其相邻地区造成的损失;②每个地区在合作治理博弈下的最优环境污染治理投资要高于非合作治理博弈;③地区间在合作治理博弈下的总收益高于非合作治理博弈下的总收益;④无论是非合作治理还是合作治理博弈,每个地区的最优环境污染治理投资均与非累积性污染物的损害程度无关,而与污染物存量的损害程度呈正相关关系;⑤无论是非合作治理还是合作治理博弈,每个地区的最优环境保护税与工业企业污染物减排比重呈正相关关系;⑥无论是非合作治理还是合作治理博弈,工业企业的最优污染物排放量与其污染物减排比重的相关性呈现不确定性的关系,主要依赖于其值的大小;⑦无论是非合作治理还是合作治理博弈,污染物存量的动态变化均受初始污染物存量高低的重要影响,因为每个地区在面对环境问题与经济发展问题时,关注的重点存在差异,使污染物存量呈现较大变化,但是最终趋于稳定状态。

本章未考虑到排污权交易和联合执行机制等因素对生态环境治理中各主体选择行为的影响。如果将这些因素纳入研究中将非常有意义,这也是后续研究的方向。同时为方便分析,本章仅考虑一个地区有一个工业企业的情况,但也可扩展到有 n 个工业企业的情况进行研究。

6 研究结论与政策建议

我国倾向于工业的产业结构、煤炭为主的能源结构以及不完善的环境治理体制,这些使得我国二氧化碳和污染物的排放量较高。面对日益严峻的资源约束和环境问题,党的十八大以来,我国逐步提出并深入贯彻新发展理念,走绿色低碳发展道路,到2020年明确提出“双碳”目标。随着建设生态文明目标的提出,我国将构建资源节约型和环境友好型社会以及完成减污降碳减排指标的约束性目标作为发展任务。目前我国已进入高质量发展阶段,但是生态环境问题仍然严峻,成为阻碍我国高质量发展的重要因素之一。环境保护在国民经济发展中的地位被提到了空前高度,环保工作任务也愈加艰巨而紧迫。在现有区域行政划分体制下,要解决跨区域环境污染的难题,必须加强创新区域环境管理体制,建立地方政府间合作的有效机制,以满足生态文明建设的需要。合作治理的关键是多元主体在遵守共同规则的基础上通过协调与配合维持一种动态平衡的政治秩序。政府、工业企业等主体需要形成一个资源互补、权力共享的动态系统来共同完成公共事务的治理和公共服务的供给。

6.1　研究结论

人类的生存与发展离不开良好的自然环境。2018年,我国将生态文明纳入国家“五位一体”总体布局,强调实施以改善环境质量为核心的工作方针。党的十九大报告指出,“我国经济已由高速增长阶段转向高质量发展阶段”,将“着力解决突出环境问题”纳入重点工作。党的二十大报告指出,推动绿色发展,促进人与自然和谐共生。党的十八大以来,绿色逐步成为高质量发展的鲜明底色,环境治理被纳入国家实现高质量发展的重要战略部署和重点工作。高质量发展的重要内涵之一是绿色发展,其基本要求是减少资本投入、环境污染与资源消耗,依靠质量提高形成比较优势和新竞争优势。可见,提高环境治理质量已成为高质量发展的核心内容。尤其是新世纪以来,党和政府高度重视自然资源节约和生态环境保护问题。党的十七大报告首次提出建设中国特色生态文明的重要目标,同时提出加速构建有利于可持续性经济发展的体制与机制。党的十八大报告在中国特色的社会主义事业中融入生态文明建设而构建“五位一体”的战略性总体布局,彰显出生态文明建设的重要性和紧迫性。党的十九大报告明确指出中华民族能够永续发展的千年大计是建设生态文明,要把我国建成富强民主文明和谐美丽的社会主义现代化强国。然而,面对着日趋严峻的生态环境问题,人类务必要主动做到尊重自然环境、适应自然环境以及爱护自然环境。改革开放以来,我国在经济与社会发展方面已经取得举世瞩目的成就,但长期粗放型的经济增长模式导致自然资源枯竭、环境污染严重、生态系统退化等环境问题日益突显,而环境污染的区域性特征使得各地区在治污排污上的矛盾更加突出,这已成为影响与制约我国经济社会可持续发展的瓶颈,也成为我国政府与人民群众当下关注的焦点问题。

在党的二十大报告中,习近平总书记明确指出,中国式现代化是人与自然和谐共生的现代化,尊重自然、顺应自然、保护自然是全面建设社会主义现代化国家的内在要求;必须牢固树立和践行“绿水青山就是金山银山”的理念,站在人与自然和谐共生的高度谋划发展。当前我国的经济和社会发展已转向高质量发展阶段,但我国的发展不平衡不充分问题仍然十分突出。《中共中央关于制定国民经济和社会发展第十四个五年规划和二〇三五年远景目标的建议》明确指出,“十四五”时期经济社会发展要以推动高质量发展为主题。习近平总书记在关于《中共中央关于制定国民经济和社会发展第十四个五年规划和二〇三五年远景目标的建议》的说明明确强调,新时代新阶段的发展必须贯彻落实新发展理念,不断推动高质量发展。当前,我国社会主要矛盾已经转化为人民日益增长的美好生活需要和不平衡不充分的发展之间的矛盾,发展中的矛盾和问题集中体现在发展质量上。这就要求我们必须把发展质量问题摆在更为突出的位置,着力提升发展的质量和效益。习近平总书记还强调,当今世界正经历百年未有之大变局,我国发展的外部环境日趋复杂。防范化解各类风险隐患,积极应对外部环境变化带来的冲击挑战,经济、社会、文化、生态等各领域都要体现高质量发展的要求。

随着全球化、信息化和后工业化社会的不断发展,传统的单一垄断型的公共管理范式逐步向多元化的协同治理新范式转变。在此大背景下,如何有效解决跨行政区生态保护与环境污染问题已经迫在眉睫,因为它关系到人与自然的和谐共生,是生态文明建设的重要内容,这就要求各地区间构建一套行之有效的解决跨行政区环境污染问题的治理机制,采取有效措施来规范与治理跨行政区的环境污染问题,有力确保环境质量不再恶化并逐步向良性发展。鉴于此,本书重点运用最优控制理论与方法研究多种污染物损害背景下跨行政区环境污染治理问题,深入探讨工业企业与地方政府及地方政府间环境治理策略的互动与影响问题,并通过运用算例分析来验证模型分析方法的合理性、有用性及有效性。通过研究本书得出以下主要结论:

①第三章基于多种污染物(非累积性污染物和累积性污染物)对环境造成不同损害的条件下,运用最优控制理论与方法构建两个相邻地区关于跨界污染控制博弈模型,分析每个地区在非合作治理和合作治污两种情况下的最优环境污染治理策略,包括最优污染物排放量、环境污染治理投资,同时考察非累积性污染物和累积性污染物损害程度对均衡结果以及初始污染物存量对污染物存量动态变化的影响,并对两种治污模式下的最优解进行比较与分析。研究结果表明:合作治污情况下,每个地区在任何时刻的最优污染物排放量均低于非合作治污情况下的这一数值。与非合作治污相比,每个地区仅在合作时才考虑其污染物排放对相邻地区产生的影响;合作治污情况下每个地区在任何时刻的最优环境污染治理投资均高于非合作治污情况的这一数值。无论是非合作治污还是合作治污,每个地区的最优环境污染治理投资均与非累积性污染物的损害程度无关,与污染物存量的损害程度呈正相关关系;两个地区在合作治污情况下的总收益高于非合作治污情况下的总收益。每个地区在合作治污情况下要考虑其污染物排放对相邻地区造成的损害,降低污染物排放量,增加共同收益;无论是非合作治污还是合作治污,污染物存量的动态变化都会受到初始污染物

存量高低的重要影响。

②第四章基于多种污染物(非累积性污染物和累积性污染物)对环境造成差异化损害和生态补偿机制的视角,主要运用最优控制理论构建一个由受偿地区和补偿地区组成的两个相邻地区关于跨界污染最优控制的博弈模型,分析各地区在Stackelberg非合作治理和合作治理博弈下最优的环境污染治理策略,包括最优的污染物排放量、环境污染治理投资以及生态补偿系数,探讨非累积性污染物和累积性污染物损害程度对均衡结果的影响情况,考察初始存量等因素给污染物存量与环境污染治理投资存量的最优动态路径带来的影响,并对两种治理模式下的最优解进行比较与分析。理论和仿真分析结果表明:合作治理博弈情况下每个地区的最优污染物排放量低于Stackelberg非合作治理博弈情况下的这一数值。与Stackelberg非合作治理博弈相比,每个地区仅在合作治理博弈时考虑其非累积性污染物排放对相邻地区造成的损害;合作治理博弈情况下地区的最优环境污染治理投资高于Stackelberg非合作治理博弈的这一数值。无论是Stackelberg非合作治理还是合作治理博弈,地区的最优环境污染治理投资均与非累积性和累积性污染物的损害程度无关,而与环境治理的收益系数呈正相关关系,以及与环境污染治理投资成本系数呈负相关关系;Stackelberg非合作治理博弈下的最优生态补偿系数仅取决于两个相邻地区开展环境治理的收益情况,而与其他因素无关;地区间在Stackelberg非合作治理与合作治理博弈情况下的总收益之差(合作剩余),与非累积性污染物对相邻地区的损害程度、累积性污染物排放量占瞬时污染物排放量的比重以及污染物存量损害程度均相关,而与非累积性污染物对本地区损害程度无关。由此看出,每个地区在合作治理博弈情况下要考虑其污染物排放对相邻地区造成的损害,减少污染物排放量;无论是Stackelberg非合作治理还是合作治理博弈,污染物存量及环境污染治理投资存量的动态路径均受到治理方式、初始存量等因素的影响,呈现出多样化动态变化趋势。

③第五章基于多种污染物(非累积性污染物和累积性污染物)对环境造成

不同损害的条件下,将地方政府与工业企业纳入同一个分析研究框架中,首先构建 Stackelberg 博弈模型,分析作为领导者的地方政府以及作为追随者的工业企业各自的动态决策过程,从而决定工业企业的最优污染物排放量。随后构建两个相邻地区在非合作治理和合作治理博弈下的关于跨界环境污染最优控制的博弈模型,运用最优控制理论以及仿真方法对比分析两个相邻地区的最优跨界环境污染治理策略,包括环境保护税、环境污染治理投资等,同时考察非累积性污染物和累积性污染物损害程度对均衡结果的影响,以及初始污染物存量对污染物存量动态变化的影响,并将地区间非合作治理与合作治理下的博弈结果进行比较与分析。研究结果表明:每个地区在合作治理博弈下的最优环境保护税要高于其在非合作治理博弈下的这一数值,因为每个地区只在合作治理博弈时才会考虑其非累积性污染物排放对其相邻地区的损害;每个地区在合作治理博弈下的最优环境污染治理投资要高于其在非合作治理博弈下的这一数值;各个地区在合作治理博弈下的总收益高于其在各地区选择非合作治理博弈下的总收益;无论地区间是非合作治理还是合作治理博弈,每个地区的最优环境污染治理投资均与非累积性污染物的损害程度无关,而与污染物存量的损害程度呈现出正相关的关系;无论地区间是非合作治理还是合作治理博弈,每个地区的最优环境保护税与工业企业污染物减排比重呈正相关关系;无论地区间是非合作治理还是合作治理博弈,工业企业的最优污染物排放量与其污染物减排比重的相关性呈现不确定性关系,这主要有赖于其值的大小;无论地区间是非合作治理还是合作治理博弈,污染物存量的动态变化均受到初始污染物存量高低的重要影响,但最终都趋于稳定状态。

6.2 研究展望

发展是人类社会永恒的主题,可持续发展是人类致力谋求的目标。有效治理工业化、城市化快速推进导致的跨区域大气污染以及气候变化问题,是新时代打赢蓝天保卫战、深化区域合作机制以及推进生态环境治理体系和治理能力现代化的重要任务。党的十八大以来,通过完善协同治理理念、创新协同治理的体制机制以及加强重点区域的实践探索,我国在推进跨区域大气污染治理方面取得显著成效。但是,在人类发展的历史长河中,特别是工业革命以来,人类对自然环境资源进行掠夺式开采,伴随的是自然环境中排放了大量的工业和生活污染物,生态环境已不堪重负,生态环境污染引发的各种问题正严重威胁人类的生存与发展。基于此,本书综合考虑多种因素,探讨生态环境治理问题。但是,本书存在不足之处,亟待后续的深入研究和逐步完善,主要包括以下几个方面:

①客观世界中任何事物的形成、变化和发展都受到多种因素的综合影响,而且各种因素之间又存在广泛而错综复杂的联系。为了便于分析,本书在研究工业企业以及地方政府的环境治理策略时未考虑更多的控制变量,但这并不意味着其他控制变量对工业企业或地方政府的决策制定未产生影响,因此,后续研究可在本书构建的理论模型的基础上适度扩展,可考虑更多工业企业或者地方政府决策的影响因素。

②跨行政区环境污染的治理问题是一个社会系统、经济系统以及生态环境系统等相互影响的复杂系统,涉及多个学科领域。鉴于学科背景和时间因素等,本书很难综合运用各个学科的理论对环境治理问题进行深入研究,更多是从经济学与管理学的视角分析各博弈主体的行为和特征以及其最优策略。然而,跨界环境污染治理不是一个学科就能解决的,我们有必要与环境工程、社会学、经济学、公共管理等学科的研究者共同进行分析与探讨,以期得到更多有益的结论,改善环境质量。

③在中国式分权模式下,我国的环境治理体制根据现行行政区域的设置来划分各自的管理权限,依据行政层级的构成进行垂直式领导,即中央政府统一制定环境保护政策,而地方政府则负责执行其行政管辖区内的环境保护政策。在此情形下,央地两级政府间就存在一种动态博弈关系。但是,本书在研究中

未考虑到中央政府的干预等产生的影响问题，进而有必要从央地分权的视角，将地方政府与中央政府两大主体同时纳入分析框架，分析与探讨多种污染物损害背景下其环境治理策略的互动机理与影响问题。

④现实中很多环境污染问题涉及多种污染物复杂的物理和化学过程，其时间尺度和空间跨度也较大。当前，随着经济社会的快速发展以及工业化进程的不断推进，环境污染性质发生了显著变化，已经由传统的二氧化硫和颗粒物的污染逐步转变为 PM2.5、臭氧等多种污染物同时存在且相互影响的复合型和新型环境问题。可是，为了便于分析，本书在研究环境污染治理问题时将多种污染物主要分为两种类型的污染物：非累积性污染物与累积性污染物，而简单分析了环境问题产生的原因，有待深入探讨。

⑤工业企业作为环境污染的主体，在环境治理中存在“守法成本高、违法成本低”的问题，工业企业对污水、废气、固体废弃物处理需要投入大量资金，进行设备减排升级、绿色技术创新，这在很大程度上增加了企业的生产经营成本，挤占了企业的利益空间，降低了企业的风险承担能力，同时造成了企业不愿进行绿色投资的局面。为了便于分析，本书在研究时只考虑一个地区只存在一个工业企业的动态对策模型，后续研究可拓展到存在 n 个工业企业的复杂情形。

⑥排污权交易是指排污主体在环境保护部门的主导下，按照现有规定在交易市场买卖排污权，减少区域内的污染排放总量，缓解环境压力，以市场经济手段实现生态资源保护，达到环境与经济双赢。政府部门依据环境质量标准，检测区域环境自净能力，设定本区域内总量控制目标。在总量目标控制下，审查申请排污主体的具体情况，通过排污许可证形式赋予其排污资格。排污权交易制度通过政府初始分配取得排污权，运用市场手段实现环境保护目标和优化环境容量资源，达到减排的目的。本书在研究过程中未考虑排污权交易和联合执行(JI)机制等因素，如果将这些因素纳入多种污染物损害背景下环境治理问题研究中，将非常有意义，这也是进一步的研究方向。

6.3 政策建议

党的十八大报告提出“努力建设美丽中国”,党的十九大报告提出到2035年“生态环境根本好转,美丽中国目标基本实现”,党的二十大报告提出推进美丽中国建设,统筹产业结构调整、污染治理、生态保护、应对气候变化,协同推进降碳、减污、扩绿、增长,推进生态优先、节约集约、绿色低碳发展。习近平总书记在党的二十大报告中明确指出,从2035年到本世纪中叶把我国建成富强民主文明和谐美丽的社会主义现代化强国,并对推进美丽中国建设作出重大部署。建设美丽中国既是全面建设社会主义现代化国家的宏伟目标,又是人民群众对优美生态环境的热切期盼,也是生态文明建设成效的集中体现。但是,当前我国的生态环境保护工作正面临着诸多严峻挑战,诸如如何改善与提升我国的生态环境质量、如何应对复合型污染的严峻挑战以及如何有效应对全球气候的极端变化等。进入“十四五”时期,我国政府已对深入打好污染防治攻坚战、实现减污降碳的协同增效等做出了明确部署与要求。2018年3月,国务院进行机构改革时将气候变化的应对职能归入新组建的生态环境部,着眼于打通管理的体制机制,奠定温室气体控制和环境污染治理的管理职能,从而为污染防治和气候变化的协同控制提供一定的体制机制保证。从现行的各种政策可预见,我国“十四五”时期在深入推进美丽中国建设、力争二氧化碳排放量在2030年前达到峰值、争取2060年实现碳中和的过程中,减污降碳的协同控制理念与措施将起到重要的战略指导作用。如何构建有效的协同控制治理体系,将成为应对治理气候变化与生态环境实现协同控制的关键因素。为此,生态环境治理要坚持政府调控与市场调节相结合、经济发展与环境保护相协调、联防联控与属地管理相结合、总量减排与质量改善相同步等,逐渐形成政府统领、企业施治、市场驱动、公众参与的大气污染防治新机制。因此,针对当前多种污染物导致的环境污染问题,综合借鉴国内外环境污染治理成功经验和本研究结果,本书提出如下管理启示。

6.3.1 坚持合作共赢理念

基于合作治理的优势,各地方政府理应逐渐形成协同合作、互利共赢的责任意识与共识,不断加强制度创新,逐渐突破属地管理的硬性壁垒,逐渐打造通畅的交流机制,强化地区间联防联控的内驱力,积极塑造良好的战略性合作伙伴关系,促进区域生态环境质量的整体改善。

(1)强化地区间的典型经验交流与互动

客观承认并重视各地区存在的差异与差距。由于资源条件、区位条件等差异,各地区必须要正视经济发展程度、经济发展条件和经济发展能力的不同;各地区必须要认识到经济发达地区和落后地区在面临环境保护差异;经济发达地区要尊重落后地区的发展权利,并在环境治理方面向其提供资金、技术以及建设等有力支持。根据有限空间的区域性大气环境的容量因素与追求良好的空气质量的需求,地方政府须合理制定区域发展规划,积极展开合作;设法解决发展权与环境权的矛盾,有效避免陷入非合作治理博弈情形下的“囚徒困境”窘境;通过积极推动帕累托改进,逐渐达到最优的帕累托状态,实现改善区域整体的空气质量的重要目的;积极推动减排经验的交流与互动,诸如围绕大气污染物治理问题、二氧化碳减排问题等开展环境政策工具、市场机制设计、治理技术积累、实践管理经验等方面的交流;积极开展技术创新,重视产业链方面的合作;充分发挥地区的优势,不断促进绿色产业合作对接。加强各地区在环境治理领域的交流与合作,尤其是面对多种污染物形成的复杂局面,各地区不仅要重视气候变暖等长期性的全球环境问题,而且要注重二氧化硫、悬浮颗粒等造成的短期性的区域环境问题,更要考虑经济发达地区和经济落后地区面临的不同生态环境保护形势,以期实现二氧化硫、颗粒物、氮氧化物等多种污染物的协同控制。由于污染物的空间传输性、跨区域性等特征,跨界环境污染治理问题已不是单个地区所能够解决，而是涉及中央政府、各地方政府等决策主体的区域环境治理问题。因此，在面临多种污染物治理的严峻形势下，各地区要树立环境合作治理理念，积极推动各地区朝着合作共赢的方向发展。

（2）强化生态环境协同治理的理念

受传统行政区划和属地管理模式的束缚，一些地方政府在生态环境治理方面的协作意识不强，治理模式较为封闭和僵化。尤其是受到"GDP"至上的政绩考核制度的影响，为了追求本地经济效益最大化，各地区往往以牺牲环境为代价，导致区域间无法形成"协同共治、共享共赢"的整体治理思维。随着区域一体化进程的加快，面对具有扩散性、流动性特征的生态环境问题，一方面要加强对地方政府领导干部的教育培训，使其认识到本位主义及区域分割等因素导致的传统治理模式的弊端，意识到本地区生态环境的改善有赖于周边地区的贡献和支持，引导其增强协作治理意识，秉持"跨域合作、污染共治、成效共享、多方共赢"的治理理念，推动地区间在协同规划、协同预警、协同执法等方面进行实践。另一方面各地区在制定区域发展规划时，在地区发展目标设定方面，要重视社会、经济、生态等互动与融合；在政绩考核体制建设方面，要推进以生态环境改善为核心理念的绿色 GDP 绩效评价体系的实施；在沟通协商制度和约束激励制度建设方面，要充分考虑多元主体的利益诉求，通过协同合作实现区域大气污染治理效益的最大化。

（3）构建多元化合作网络

各级政府在环境监督管理方面是绝对的主体，跨行政区环境问题的管理和协调主要依靠政府。《中华人民共和国环境保护法》和《中华人民共和国大气污染防治法》规定，我国大气污染监督管理是环境保护机关统一管理和分级分部门管理相结合的管理体制。大气作为环境资源要素之一，与环境整体密不可分，具有较强的流动性，该特点决定了生态环境的防治牵涉相当多的部门和领域，亟须加强不同部门之间的协调和联动，准确识别可以推进合作减排的空间区域。区域合作减排受到不同地区经济发展水平差异的影响,地区之间差距越小,进行合作减排的概率越大,同时减排对于经济发展具有一定的冲击性,其需要共同规划适合推进合作减排的空间区域。率先鼓励发展水平相当的区域开展合作减排活动,以此形成可供推广和复制的经验,再不断扩大合作减排的空间范围。一方面,生态环境治理的发展会趋向于多层次的网络治理,需要促进多主体参与,构建多元化的合作网络,逐渐打开封闭系统并促进经济与生态的平衡,进而协调各方利益。整合政府行使生态环境治理监督权力的同时,加大引入市场和社会治理手段的力度,激励企业主动承担减排责任与义务,增强社会监督的基础权力。另一方面,培育公民的参与意识并保障其权益,扩展参与渠道,明确权利义务,完善诉讼制度。同时建立京津冀地区统一的空气质量监测网络和信息分享平台,包含数据采集、统一标准、统一发布等功能,并对信息的收集方式、共享内容和发布形式等进行细化。

(4)重视管理工作机制创新

由于生态环境要素如水、大气等具有流动性特点,单个城市各自为政的控制管理方式已不能满足区域空气质量管理的要求,需要打破行政区划限制,统筹不同的利益主体,包括不同行政区及不同部门,建立以区域为单元的一体化控制模式。因此,生态环境管理工作迫切需要机构、机制等方面的创新,主要包括:一是建立统一协调的区域大气污染联防联控工作机制,加强区域污染物和温室气体排放联防联控机制,建立区域大气污染联防联控联席会议制度,统筹协调区域大气污染防治工作;二是建立区域大气环境联合执法监管机制,发挥各区域环境保护督察中心职能,加强对区域大气污染防治工作的监督检查与考核;三是建立重大项目环境影响评价会商机制,新建项目要征求公众和相邻城市的意见;四是建立生态环境信息共享机制;五是建立区域大气污染预警应急机制,开展区域大气环境质量预报,建立区域重污染天气应急预案,构建区域、省、市联动一体的应急响应体系。此外,根据大气污染防治以及蓝天保卫战等治理经验,各地方政府应大力强化温室气体的排放管理。为了打好大气污染防治攻坚战以及打好打赢蓝天保卫战,各地方政府要积极构建有效的跨部门协作工作机制以及相应的高效保障机制,不断调整产业结构、持续改善能源结构、大力优化运输结构等,积极推动大气污染物与全球温室气体的协同控制。因此,各地方政府在应对全球气候变化以及大气污染防治任务时,应重视协调与合作,积极落实能源领域中协同减排的重要任务。

6.3.2 持续推动“双达”政策的落地

为满足公众对空气质量持续改善的需求及履行低碳转型的重要职责,现阶段应当制定生态环境治理的战略框架,从国家层面进行顶层设计,制定匹配我国实现社会主义现代化强国的空气质量及温室气体减排目标,并完善协同体制,使各个部门、层级都能清晰自己的位置与责任,逐步完善、细化和落实政策。

(1)注重环境政策的协同控制效应

加快树立实现“双达”重要战略目标的观念,并积极将此关键目标纳入区域经济向低碳转型的目标体系等政策性文件中,全力推动产业转型与技术升级。例如,深圳市最早提出一种协同工程,协同推动并实现“双达”目标与经济高质量的发展,逐渐构建了包括环境规划、政策制定等环境保护系统工程,成为我国目前大气环境质量相对较优的超大型城市。可见,地方政府在实践工作中要统筹考虑,制定环境相关政策时要树立协同控制理念;积极梳理现有关于温室气体应对、大气污染治理等相关政策文件,统筹优化能够产生正协同效应的政策文件,同时完善或废止会导致负协同效应的政策文件;优化制定环境相关政策时持续加强“前端”型污染物的减排战略,充分发挥结构减排所产生的协同效应;积极借鉴大气污染物控制的相关经验,加快制定温室气体排放相关的总量控制制度、相关法规等。

(2)加快促进工业产业的转型与升级

根据城市经济发展的战略定位以及生态环境保护的战略目标,各地方政府应该高度重视调整电力等重点行业的能源结构、加快促进工业产业的加速转型与技术升级,以及积极推动绿色交通事业的发展等,同时考虑到成本的有效性,加速构建实现"双达"重要战略目标的短期政策以及中长期战略措施;加快将总量目标等战略目标以阶段形式落实到地方政府、工业企业的各种行动方案中;不断创新一些业态,加快推进新能源的使用,加速形成低碳类型的生产方式与生活方式;加快建设与持续完善绿色投融资体系,积极探索绿色金融产品及服务,从而为地方政府的"双达"重要战略目标的实现提供一定支撑。

(3)加快推进低碳经济发展

大力推进低碳经济发展,实现减排与经济发展协同发展。发展低碳经济是有效解决减排和经济发展矛盾的有效措施。低碳经济在强调低碳排放和高资源利用率的同时,注重废物废料的循环利用,减少二氧化碳排放,是一种绿色可持续发展模式。为此,地方政府要积极做好传统高能耗产业的转型升级工作,即通过低碳技术等方式降低单位产值的碳排放量,同时要积极布局低碳产业的发展路线。发展低碳经济一方面降低了减排压力,与此同时碳配额将作为一种资产,让减排成为一种具有经济收益的活动。

6.3.3 构建科学系统的技术支撑体系

消费攀升、城市规模扩张导致污染物不断增加,生态环境治理难度日益加大。改良技术是解决跨行政区大气污染等问题不可或缺的手段之一,有必要加快构建生态环境技术服务体系,精准支撑污染防治攻坚战与应对全球气候变化。

(1)强化协同控制技术的运用

强化技术手段的应用,促进大气污染治理的技术进步,在跨行政区大气污染联合防治方面意味着,不同区域应加强联合技术开发、技术管理、技术运用和技术规范实施。各地方政府应加强部门间的协同控制能力建设,这对积极促进大气污染物与温室气体的协同减排有重要的意义,注重将大气污染的防治与优化升级产业结构、持续推动绿色低碳发展等现实目标有机结合。从现实来看,有效落实科学治污的关键基础是不断加强减污降碳协同治理的技术支撑。由此,各地方政府须高度重视研发大气污染物与温室气体的协同控制技术,并积极试点应用。积极探索部门协作减污降碳的科技问题研究,积极解决减污降碳的协同控制研究成果如何顺利落地等问题。加快探究减污降碳的协同控制经济模型,不断探索怎样以经济社会成本最小的方式实现相关协同控制目标,探索现行策略下大气污染物与温室气体的减排效益问题。加快构建减污降碳的协同控制数据的共享机制,制定与完善相关的技术规范,持续强化全过程数据质量控制,突破数据孤岛困境,有效整合环境、工业等数据资源。

(2)探索构建协同减排相关的技术目录清单

针对当前区域性的复合型大气污染问题,已有的科研成果很难有效解决大气污染和温室气体的协同控制问题。针对区域性的复合型大气污染问题开展一些专项研究,重点针对区域大气污染的优化控制技术、区域大气污染的源头和过程控制技术、区域大气污染中多种污染物的协同控制技术以及相关机制等展开一系列研究,同时要采取技术量化各地区间的污染物的传输量以及排放量,从而为建立减污降碳的联防联控模式提供一定技术支撑。可考虑筛选并积极制定协同减排相关的技术目录清单,即梳理现有的关于大气污染的治理、温室气体的减排等方面的技术,辨别能带来正向协同的减排技术并形成目录清单,加快推广与应用;同时要识别能产生负向协同的减排技术并形成负面清单,逐渐减少或者淘汰此类技术。强化科技支撑,加大对区域大气污染防治科技研发的支持力度,加快治污先进实用技术的研发、示范与推广。

(3)重视并推进生态环境科技创新

近年来污染防治力度空前,生态环境质量改善取得里程碑式突破。"十四五"时期,我国的生态环境质量改善进入从量变到质变、推动经济社会发展全面绿色转型的攻坚期。科技创新是生态环境持续改善的关键支撑,有必要围绕深入打好污染防治攻坚战、提升生态系统多样性、积极应对气候变化等重点工作,大力推进生态环境科技创新,以高水平保护推动高质量发展、打造高品质生活,努力建设人与自然和谐共生的美丽中国。与此同时,强化科技支撑,积极争取科研平台落地,推进污染防治领域科技成果的应用,变革生态环境治理手段,加快实现全市生态环境治理能力和水平的现代化。

6.3.4 完善协同减排机制的保障体系

充分利用现有较为完善的生态环境制度体系优势,加强减污和降碳工作在法规标准、管理制度、市场机制等方面的统筹融合。

(1)持续完善相关的政策体系

各地方政府需要重视对管理机制的创新与变革,诸如聚焦于绿色低碳、能源领域、城市治理、碳汇管理、消费领域的创新与变革,重点是强化制度创新和科技创新,积极推进大气环境的深入治理与气候变化的有效应对这两者的有机结合,加速实现我国的“双达”重要战略目标,进而提供与创造较稳定的政策环境。鉴于此,一是各地方政府应积极建立与完善与此相关的法规和政策体系,加快推动相关机制的快速融合,推动空气质量的提升和碳减排的管理相协同。二是由于城市是各种环境政策落地的基本单元,更是达成“双达”重要战略目标的关键区域,各地方政府要重视将控制碳排放的相关机制贯穿到城市发展规划的战略设计中,加速构建并不断完善能够长期发挥作用的相互协同的机制与体制。三是健全联防联控相关的法律法规,进一步提升生态环境治理的权威性,形成内容丰富的部门章程和惩处性“硬约束”相结合的制度体系,对于联防联控的标准、程序和范围进行明确规定,并提升总法规与分条法律的衔接性。四是强化顶层设计和制度保障,进一步严格执法监督,整合多方资源与行动,编制区域一体化的防治规划和保障方案。同时深化市场经济政策创新,探索设立区生态环境保护基金,建立区域生态补偿机制,完善区域内的跨区转移支付以及公共财政补助,构建评估生态补偿对象、标准、依据等指标体系。

(2)加快制定并落实具体的发展规划

现阶段各地区的环境管理部门从总体上来说在污染防治、气候应对等方面面临较大压力,同时存在环境政策工具的落实不足、未深刻意识到应对气候变化问题的重要性等。因此,各地区可结合实际并加快制定清晰的大气环境质量达标的发展规划,并细化相关实施方案、考核方式等,同时可以借助监督激励、环评限批等手段督促各主体采取相关措施,积极推动大气环境质量达标。与此同时,基于达峰先锋的城市、低碳试点的城市在大气环境治理等方面的具体实践,深入总结并提炼一个城市为了达峰而在政策、制度等方面采取的创新性措施,根据自身的实际情况,考虑制定详细的实现"双达"重要战略目标的时间计划、路线等,以期推动该战略目标的实现。加强组织领导,明确地方人民政府是重点区域大气污染防治规划实施的责任主体,应按照相关要求,制订本地区生态环境治理的实施方案,将规划目标和各项任务落实到城市和企业。

(3)加大生态环境治理的资金投入

严格进行考核评估,生态环境部会同国务院有关部门制定考核办法,每年对重点区域大气污染防治规划实施情况进行评估考核。在规划实施后期,组织开展规划终期评估,考核评估结果向国务院报告,作为地方各级人民政府领导班子和领导干部综合考核评价的重要依据,向社会公开。同时加大资金投入,建立政府、企业、社会多元化投资机制,拓宽融资渠道,采取"以奖代补""以奖促防""以奖促治"等方式,加快地方各级政府与企业大气污染防治的进程。

(4)构建和完善信息共享机制

各地方政府的行政等级分明、经济实力各异,而政治和经济地位的差异加大了平等对话和有效协调的难度,进而影响合作过程中的互信水平,构建一个平等互信的沟通协调机制为地方政府交流信息提供了便利,而信息共享往往被视作进一步合作的重要前提。尽管我国在区域大气环境数据共享机制和共享平台建设方面取得初步成效，但地方政府之间依然存在沟通渠道不通畅、信息分享滞后、各地数据信息系统自成体系、重复建设、数据监测网络覆盖面不够、大气环境数据信息共享和预报程度较低等问题。"十四五"时期，我们需要在信息共建共享的大数据观指导下，加强大气数据监测体系和监测能力建设，搭建区域大气污染协同治理的信息共享平台，实现信息资源的有效整合和公开共享。推进我国环境数据信息共享平台的建设，增强跨域治理的政府信任度，通过激励约束机制规范引导企业自觉披露环境信息。

6.3.5 构建协同控制的市场体系

各地方政府应该考虑并且加快使用经济杠杆来协同控制大气污染和温室气体排放量，充分使用市场化手段，大力推广绿色信贷，同时考虑价格手段、市场机制以及政府的财政和经济政策等方面的辅助作用。

(1) 重视市场化政策的灵活运用

统筹碳排放交易政策、碳税政策等碳定价机制，并将其视作有效解决气候变化问题和温室气体管理控制的重要手段，可以重点考虑经济补贴政策、税收减免政策、排污收费政策等经济措施，并在这些经济措施中考虑如何协同控制温室气体和大气污染物的排放，如何解决两者排放所产生的外部性问题及其外部性成本的内部化问题，不断构建手段灵活且成本与效益最优的方式，推动实现帕累托的最优，不断刺激技术创新、市场创新，推动实现协同减排目标的同时，全力解决市场主体的发育滞后、社会主体的参与度低等问题。因此，各地区在治理多种污染物时要注意提供技术、资金、人才等有力支撑，综合运用行政、市场、技术等多种环境治理手段，诸如合理运用环境保护税等环境治理政策。

(2) 重视构建市场化管理制度

根据实际情况，各地方政府应高度重视并协同构建市场化管理制度，不断构建并利用排放交易手段、税收手段等实现分类管理，加快在环境交易制度中有效融入碳排放权交易制度、大气污染物排放指标交易制度等，积极开展碳排放源、碳汇等中和交易。与此同时，总结梳理碳排放权交易、排污权交易相互影响的机制，探讨两种手段在制度体系、市场要素、管理机制、技术体系等方面协同融合的有效途径。协同实话能权交易、能耗指标交易等制度，同时酌情区域间的补偿制度。加快推进供应链的绿色低碳升级与转型，推行实施绿色低碳生产方式、绿色低碳产品标识等制度。

（3）整合有效政策，激发减排活力

地方政府间的合作减排能否实现很大程度上取决于地方政府的努力程度，越努力协同收益越大，且合作交易成本越小。地方政府在减排方面不够努力的原因可以归结为减排对经济发展的冲击，环境污染排放与温室气体排放的外部效应及存在“搭便车”可能性等。激发主体的减排能力是当前亟须解决的难题。在此情况下，地方政府要综合应用好行政、经济、技术及法律等手段，用活财税、产业、价格及金融等政策，激发节能减排的内生动力。既要做到政策的协同，推进低碳发展的趋同性，又要做到政策的特色性，更好地弥补政策体系的不足，以此促进地方政府努力减排。因此，要构建促进区域生态环境治理与防治一体化政策创新。一是完善财税补贴激励政策；二是深入推进价格与金融贸易政策；三是征收挥发性有机物与扬尘排污税；四是全面推行排污许可证制度；五是实施重点行业环保核查制度；六是推行污染治理设施建设运行特许经营制度；七是实施环境信息公开制度；八是推进城市环境空气质量达标管理。

（4）注重责任共识与公平效率

各地区应逐渐形成“协调合作、互利共赢”的责任共识，不断加强制度创新以突破属地管理的刚性壁垒，通畅交流机制以强化联防联控的内驱力，形成良好的战略合作伙伴关系。首先，应建立合理的政策评估机制，对于政策制定、出台和进行全方位追踪和评估，发布联防联控的绩效考评和责任追究制度。其

次,对于权益与责任的划定要明确,赋予领导小组有效的统筹权力,形成生态环境治理责任“一张图”。最后,需要对产业转移过程中出现的区域环境公平性问题进行严格监控,并明确跨区域执法细则。

6.3.6 加快构建区域间的利益协调机制

利益协调是在充分肯定各利益主体利益正当性的基础上,通过竞争、协商、合作、体谅、妥协等途径建立制度化契约,将多元利益诉求保持在合理和理性的范围内。好的利益协调机制不但能成为合作机制发展的推动力,而且可以跨越合作机制发展的制度性障碍。为此,跨域环境治理是解决区域环境问题的创新模式,其有效性取决于多元治理主体的利益共融与协同。地方政府必须积极发挥宏观调节作用,转变发展理念,逐步消除区域行政壁垒,通过建立权威性区域利益协调机制,畅通多元利益主体表达诉求的渠道,形成良性的合作行为导向。同时应当充分协商利益分配的主体,统一区域利益主体分配利益的机会和条件等,注重利益分配的公平,构建并完善环境治理收益分配机制。各地区间达成环境合作治理的根本在于合作利益的均衡分配,因此,各地区在环境合作治理中要积极构建利益分配、生态补偿等机制,协调各地方政府的利益关系,从而满足各地区不同利益诉求来保持合作治理的局面。

(1)重视区域合作减排收益分配

区域合作减排有效避免了地方政府间的信息不对称性,同时是应对大气污染扩散和跨界污染控制较为有效的机制。各地方政府有必要加快搭建区域合作交流平台,但由于各地资源禀赋不同,各主体通过合作实现资源优势互补,是降低减排成本、提高减排潜力和资源利用效率的必然选择。然而,由于信息不对称等,大大降低了地方政府间互补的可行性和高效性。因此,科学合理的区域合作减排收益分配方案,能够持续促进集聚空间内区域主体合作减排,有效降低污染排放的负外部性影响,降低碳交易成本,增强主体的减排投入意愿,是应对大气污染扩散和跨界污染控制较为科学的减排方式。在国家宏观温室气体减排目标的导引下,协调好区域内各减排参与方的相关利益,设计和确定合作减排收益分配方案,以此构建一种柔性、稳定与和谐的联盟关系。

（2）明晰协同治理成本的公平分担

利益是区域合作的原动力,利益关系是地方政府关系的核心问题。利益调节的重点在于弥补相对收益的差异,实现空间的均衡和正义。当前,破解地区间环境污染联防联控治理的“利益差”,构建“互惠”的利益协同机制,是地区间环境污染联防联控治理成败的关键。应该明确各地方政府在联防联控治理中的职责范围,通过区域行政协议或立法形式,实行共同但有区别的责任原则,明确各地方政府在联防联控治理中的权力和义务,这是因为明晰公权力主体的权力和义务不仅可以降低联防联控的运行成本,还可以优化配置社会资源、提高治理效率。在此基础上,应在各地方政府平等协商的基础上实现环境污染联防联控治理成本的公平分担。各地方政府可通过区域性协调机构客观评估治理成本,结合地方经济发展水平及环境污染占比程度、自身经济承受能力、利益受损情况等,量化相应的治理成本。区域之间由于经济、科技等条件的异质性,应建立更具有针对性和多样化的如成本分担与生态补偿等合作模式,制定系统、动态、精细的治污成本分担标准,探索资金、技术、人才等多方面多形式的成本分担与补偿机制,寻求落后地区与发达地区之间的和谐发展,为实现协同合作创造条件。

（3）完善区域生态补偿机制

地方政府应逐渐完善区域生态补偿机制,构建环境污染治理成果的利益分配和共享机制,即建立科学的环境评价体系,根据可评价、可量化、可监督的环境评价体系建立污染治理成果奖惩机制、考核机制和监督机制,实现区域内治理主体污染治理成果的利益分配和利益共享。可探索建立除了政府转移支付、财政补贴、税收优惠等的市场化手段,还应发挥市场机制在生态补偿中的作用,探索碳汇交易、排污权交易等市场化补偿方式,构建政府、社会、市场协同的多元融资机制和生态补偿基金制度。在生态补偿机制和排污权交易规则方面,重构各主体的环保权利和义务,以解决强制性、命令性政策在跨界问题上操作性偏弱、管制成本高、效率低等问题,提高协同治理的自发性和治理效果。此外,政府环保部门应该积极归纳国内外不同地区应对环境污染问题的教训和经验,创新和完善我国污染物排污权和许可证等环境政策,进一步发挥我国自身的发展特点和优势,更好地应对具有中国特色的环境治理困境和挑战。

参考文献

[1] 蒲鹏飞. 燃煤电厂实现多污染物超净排放的优选控制技术分析[J]. 环境工程,2015, 33(7):139-143.

[2] 王德强,水恒福. 红球菌对煤中硫的脱除及对煤溶胀和抽提性质的影响[J]. 燃料化学学报,2006,34(4):503-505.

[3] 赵正昱. 我国大气污染与治理综述:中国环境科学学会学术年会论文集[C], 北京:中国环境出版社,2015.

[4] 王金南,李红祥. 促进绿色转型的"十二五"污染减排战略和政策[J]. 环境保护,2012(19):36-40.

[5] 陈奎续. 电袋复合除尘+湿法脱硫工艺脱除多污染物的效果研究[J]. 环境污染与防治, 2018,40(4):398-403.

[6] 薛文博,王金南,杨金田,等. 电力行业多污染物协同控制的环境效益模拟[J]. 环境科学研究,2012,25(11): 1304-1310.

[7] 李友田,李润国,翟玉胜. 中国能源型企业海外投资的非经济风险问题研究[J]. 管理世界, 2013(5): 1-11.

[8] 宋云文. 加强县域生态文明建设的途径[J]. 领导科学,2008(6):12-13.

[9] 郑秉文. 外部性的内在化问题[J]. 管理世界,1992(5):189-198.

[10] 贾丽虹. 对"外部性"概念的考察[J]. 华南师范大学学报(社会科学版), 2002(6): 132-135.

[11] BUCHANAN J M. The limits of liberty between anarchy and leviathan[J]. Political Theory, 1975,4(3):388-391.

[12] 罗小芳,卢现祥. 环境治理中的三大制度经济学学派:理论与实践[J]. 国外社会科学,2011(6): 56-66.

[13] 曾保根. 超越“新公共管理”运动的五个理论视角:基于西方“后新公共管理”改革的实践阐释[J]. 云南行政学院学报,2010,12(3):99-103.

[14] 刘祺. 基于“结构-过程-领导”分析框架的跨界治理研究:以京津冀地区雾霾防治为例[J]. 国家行政学院学报,2018(2):81-86.

[15] BRYSON J M,CROSBY B C,STONE M M. The design and implementation of cross-sector collaborations: propositions from the literature[J]. Public Administration Review,2010,66(1):44-55.

[16] BARNES W R. Governing cities in the coming decade: the democratic and regional disconnects[J]. Public Administration Review, 2010, 70(1): 137-144.

[17] STOKER G. Governance as theory: five propositions[J]. International Social Science Journal, 2010,50(155):17-28.

[18] 李汉卿. 协同治理理论探析[J]. 理论月刊,2014(1): 138-142.

[19] SAMUELSON P A. The pure theory of public expenditure[J]. The Review of Economics and Statistics,1954,36(4):387-389.

[20] PREST A R, Musgrave R A. The theory of public finance[J]. The Economic Journal,1959, 69(276):766.

[21] BUCHANAN J M. An economic theory of clubs[J]. Economica,1965,32(125):1-14.

[22] OSTROM V,OSTROM E. Public choice: a different approach to the study of public administration[J]. Public Administration Review,1971, 31(2): 203-216.

[23] 张晋武,齐守印. 公共物品概念定义的缺陷及其重新建构[J]. 财政研究,2016(8):2-13.

[24] 沈满洪,谢慧明. 公共物品问题及其解决思路:公共物品理论文献综述[J]. 浙江大学学报(人文社会科学版),2009,39(6):133-144.

[25] 蓝志勇,陈国权. 当代西方公共管理前沿理论述评[J]. 公共管理学报,2007,4(3):1-12.

[26] 柴艳荣,李晗. 变迁中国家治理模式的类型分析及其启示[J]. 云南社会科学,2005(2):13-15.

[27] 张庆龙. 走向良治的政府审计宪政建构研究[J]. 中央财经大学学报,2008(3):38-40.

[28] ANSELL C. Debating governance:authority,steering,and democracy by Jon Pierre[J]. American Political Science Review,2002,96(3): 668-669.

[29] 俞可平. 沿着民主法治的轨道推进国家治理现代化[J]. 当代社科视野,2014(5):36-37.

[30] 何翔舟,金潇. 公共治理理论的发展及其中国定位[J]. 学术月刊,2014,46(8):125-134.

[31] 陈庆云,鄞益奋,曾军荣,等. 公共管理理念的跨越:从政府本位到社会本位[J]. 中国行政管理,2005,22(4):18-22.

[32] WRIGHT D S. Federalism,intergovernmental relations,and intergovernmental management: historical reflections and conceptual comparisons[J]. Public Administration Review,1990, 50(2):168.

[33] 彭忠益,柯雪涛. 中国地方政府间竞争与合作关系演进及其影响机制[J]. 行政论坛, 2018, 25(5):92-98.

[34] HENRY N. Public administration and public affairs[J]. Advocate,1975

(20):1553-1557.

[35] 张文江.府际关系的理顺与跨域治理的实现[J]. 云南社会科学,2011(3):10-13.

[36] 国家信息中心新型城镇化建设课题组.新型城镇化建设需要规范的府际财政关系[J]. 中国财政,2014(2):25-27.

[37] 蔡英辉. 我国斜向府际关系初探[J]. 北京邮电大学学报(社会科学版),2008(2): 40-45.

[38] 刘祖云.政府间关系:合作博弈与府际治理[J]. 学海,2007(1):79-87.

[39] 汪伟全. 论府际管理:兴起及其内容[J]. 南京社会科学,2005(9):62-67.

[40] 黄溶冰.府际治理、合作博弈与制度创新[J]. 经济学动态,2009(1):76-80.

[41] 张明军,汪伟全. 论和谐地方政府间关系的构建:基于府际治理的新视角[J]. 中国行政管理,2007(11):92-95.

[42] VON N J,MORGENSTER O. Theory of games and economic behavior[J]. Princeton University Press,1944,26(1):131-141.

[43] NASH J. Two-person cooperative games[J]. Econometrica,1953,21(1):128.

[44] KAUTALA V,POHJOL M,TAHVONEN O. Transboundary air pollution and soil acidification: a dynamic analysis of an acid rain game between Finland and the USSR[J]. Environmental and Resource Economics,1992,2(2):161-181.

[45] LONG N V. Pollution control:a differential game approach[J]. Annals of Operations Research, 1992,37(1):283-296.

[46] DOCKNER E J, LONG N V. International pollution control: cooperative versus noncooperative strategies[J]. Journal of Environmental Economics and Management, 1993, 25(1): 13-29.

[47] HALKOS G E. Incomplete information the acid rain game[J]. Empirica, 1996, 23(2): 129-148.

[48] MALER K, DE Z A. The acid rain differential Game[J]. Environmental and Resource Economics, 1998, 12(2): 167-184.

[49] LIST J A, MASON C F. Optimal institutional arrangements for transboundary pollutants in a second - best world: evidence from a differential game with asymmetric players[J]. Journal of Environmental Economics and Management, 2001, 42(3): 277-296.

[50] JORGENSEN S, ZACCOUR G. Incentive equilibrium strategies and welfare allocation in a dynamic game of pollution control[J]. Automatica, 2001, 37(1): 29-36.

[51] FERNANDEZ L. Trade's dynamic solutions to transboundary pollution[J]. Journal of Environmental Economics and Management, 2002, 43(3): 386-411.

[52] PETROSIAN L, ZACCOUR G. Time-consistent Shapley value allocation of pollution cost reduction[J]. Journal of Economic Dynamics and Control, 2003, 27(3): 381-398.

[53] BERGIN M S, WEST J J, KEATING T J, et al. Regional atmospheric pollution and transboundary air quality management[J]. Annual Review of Environment and Resources, 2005, 30(1): 1-37.

[54] YANASE A. Global environment and dynamic games of environmental

policy in an international duopoly[J]. Journal of Economics,2009,97(2):121-140.

[55] JORGENSEN S. A dynamic game of waste management[J]. Journal of Economic Dynamics and Control,2010,34(2):258-65.

[56] BERTUNELLI L,CAMACHO C,ZOU B. Carbon capture and storage and transboundary pollution:a differential game approach[J]. European Journal of Operational Research,2014, 237(2):721-728.

[57] NKUIYA B. Transboundary pollution game with potential shift in damages [J]. Journal of Environmental Economics and Management, 2015,72(7):1-14.

[58] BENCHEKROUN H,MARTíN-HERRíAN G. The impact of foresight in a transboundary pollution game [J]. European Journal of Operational Research,2016,251(1):300-309.

[59] BIANCARDI M,VILLANI G. Sharing R&D investments in international environmental agreements with asymmetric countries[J]. Communications in Nonlinear Science and Numerical Simulation,2018,58(6):249-261.

[60] DE FRUTOS J, MARTINHERRAN G. Spatial vs. non - spatial transboundary pollution control in a class of cooperative and non - cooperative dynamic games[J]. European Journal of Operational Research, 2019,276(1):379-394.

[61] JAAKKLOA N,PLOEG F V D. Non-cooperative and cooperative climate policies with anticipated breakthrough technology [J]. Journal of Environmental Economics and Management,2019,(97):42-66.

[62] XUE J, JI X Q,ZHAO L J,et al. Cooperative econometric model for

regional air pollution control with the additional goal of promoting employment[J]. Journal of Cleaner Production, 2019(237):117814.

[63] DE FRUTOS J, MARTÍN - HERRÍAN G. Spatial effects and strategic behavior in a multiregional transboundary pollution dynamic game[J]. Journal of Environmental Economics and Management,2019(97):182-207.

[64] WANG Q,ZHAO L J,GUO L,et al. A generalized Nash equilibrium game model for removing regional air pollutant[J]. Journal of Cleaner Production,2019(227):522-531.

[65] 孟卫军.溢出率、减排研发合作行为和最优补贴政策[J].科学学研究,2010,28(8):1160-1164.

[66] 赖苹,曹国华,朱勇.基于微分博弈的流域水污染治理区域联盟研究[J].系统管理学报, 2013,22(3):308-316,326.

[67] 王奇,吴华峰,李明全.基于博弈分析的区域环境合作及收益分配研究[J]. 中国人口·资源与环境, 2014, 24(10): 11-16.

[68] 潘峰,西宝,王琳.地方政府间环境规制策略的演化博弈分析[J].中国人口·资源与环境, 2014,24(6):97-102.

[69] 薛俭,谢婉林,李常敏.京津冀大气污染治理省际合作博弈模型[J].系统工程理论与实践, 2014,34(3):810-816.

[70] 汪伟全.空气污染的跨域合作治理研究:以北京地区为例[J].公共管理学报,2014,11(1): 55-64,140.

[71] 刘利源,时政勗,宁立新.非对称国家越境污染最优控制模型[J].中国管理科学,2015, 23(1): 43-49.

[72] 李明全,王奇.基于双主体博弈的地方政府任期对区域环境合作稳定性影响研究[J].中国人口·资源与环境,2016,26(3):83-88.

[73] 高明,郭施宏,夏玲玲. 大气污染府际间合作治理联盟的达成与稳定:基于演化博弈分析[J]. 中国管理科学,2016,24(8):62-70.

[74] 姜珂, 游达明. 基于央地分权视角的环境规制策略演化博弈分析[J]. 中国人口・资源与环境, 2016, 26(9): 139-148.

[75] 范永茂,殷玉敏. 跨界环境问题的合作治理模式选择:理论讨论和三个案例[J]. 公共管理学报,2016,13(2):63-75,155-156.

[76] YI Y X, XU R W, Zhang S. A cooperative stochastic differential game of transboundary industrial pollution between two asymmetric nations[J]. Mathematical Problems in Engineering, 2017(4):1-10.

[77] 程粟粟,易永锡,李寿德. 碳捕获与碳封存机制下跨界污染控制微分博弈[J]. 系统管理学报,2019,28(5):864-872.

[78] 汪明月,刘宇,杨文珂. 环境规制下区域合作减排演化博弈研究[J]. 中国管理科学,2019, 27(2):158-169.

[79] 王红梅,谢永乐,孙静. 不同情境下京津冀大气污染治理的"行动"博弈与协同因素研究[J]. 中国人口・资源与环境,2019,29(8):20-30.

[80] YEUNG D W K, PETROSYAN L A. A cooperative stochastic differential game of transboundary industrial pollution [J]. Automatica, 2008, 44(6): 1532-1544.

[81] 黄志基,贺灿飞,杨帆,等. 中国环境规制、地理区位与企业生产率增长[J]. 地理学报, 2015,70(10):1581-1591.

[82] COASE R H. The problem of social cost[J]. The Journal of Law and Economics, 1960, 3(4):1-44.

[83] WINCH D M, DALES J H. Pollution, property and prices[J]. Canadian Journal of Economics, 1969, 2(2):322-322.

[84] MILLIMAN S R, PRINCE R. Firm incentives to promote technological change in pollution control [J]. Journal of Environmental Economics and Management, 1989, 17(3): 292-296.

[85] JUNG C, KRUTILLA K, BOYD R. Incentives for advanced pollution abatement technology at the industry level: an evaluation of policy alternatives [J]. Journal of Environmental Economics and Management, 1996, 30(1): 95-111.

[86] CREMER H, GAHVARI F. Environmental taxation, tax competition, and harmonization [J]. Journal of Urban Economics, 2004, 55(1): 21-45.

[87] REQUATE T. Dynamic incentives by environmental policy instruments—a survey [J]. Ecological Economics, 2005, 54(2): 175-195.

[88] POYAGO-THEOTOKY J A. The organization of R&D and environmental policy [J]. Journal of Economic Behavior and Organization, 2007, 62(1): 63-75.

[89] PAOLELLA M S, TASCHINI L. An econometric analysis of emission allowance prices [J]. Journal of Banking and Finance, 2008, 32(10): 2022-2032.

[90] ROSENDAHL K E. Incentives and prices in an emissions trading scheme with updating [J]. Journal of Environmental Economics and Management, 2008, 56(1): 69-82.

[91] LAL H, DELGADO J A, GROSS C M, et al. Market-based approaches and tools for improving water and air quality [J]. Environmental Science and Policy, 2009, 12(7): 1028-1039.

[92] VILLEGAS-PALACIO C, CORIA J. On the interaction between imperfect

compliance and technology adoption: taxes versus tradable emissions permits[J]. Journal of Regulatory Economics,2010,38(3):274-291.

[93] ANDREN J, KAIDONIS M A, ANDREW B H. Carbon tax: challenging neoliberal solutions to climate change [J]. Critical Perspectives on Accounting,2010,21(7):611-618.

[94] JNICKE M. Dynamic governance of clean-energy markets: how technical innovation could accelerate climate policies [J]. Journal of Cleaner Production,2012,22(1):50-59.

[95] POOREPHYSAMIAN H, KERACHIAN R, NIKOO M R. Water and pollution discharge permit allocation to agricultural zones: application of game theory and min - max regret analysis [J]. Water Resources Management,2012,26(14):4241-4257.

[96] FRASER I, WASCHIK R. The double dividend hypothesis in a CGE model: specific factors and the carbon base[J]. Energy Economics,2013, 39(5):283-295.

[97] RIVERA G L, REYNES F, CORTES I I, et al. Towards a low carbon growth in Mexico: is a double dividend possible A dynamic general equilibrium assessment[J]. Energy Policy, 2016,96(6):314-327.

[98] DAI R, ZHANG J X. Green process innovation and differentiated pricing strategieswith environmental concerns of south - north markets [J]. Transportation Research Part E Logistics and Transportation Review,2017, 98(1):132-150.

[99] EICHNER T, PETHING R. Strategic pollution control and capital tax competition[J]. Journal of Environmental Economics and Management,

2019(94):27-53.

[100] JACOBS B,VAN DER FREREDERICK P. Redistribution and pollution taxes with non - linear Engel curves [J]. Journal of Environmental Economics and Management,2019(95):198-226.

[101] BUAN J,ZHAO X. Tax or subsidy An analysis of environmental policies in supply chains with retail competition [J]. European Journal of Operational Research,2020,283(3):901-914.

[102] CONG J, PANG TAO, PENG H J. Optimal strategies for capital constrained low-carbon supply chains under yield uncertainty[J]. Journal of Cleaner Production,2020(256): 120339.

[103] 李永友,沈坤荣. 我国污染控制政策的减排效果:基于省际工业污染数据的实证分析[J]. 管理世界,2008(7):7-17.

[104] 王先甲,黄彬彬,胡振鹏,等. 排污权交易市场中具有激励相容性的双边拍卖机制[J]. 中国环境科学,2010,30(6):845-851.

[105] 许士春,何正霞,龙如银. 环境政策工具比较:基于企业减排的视角[J]. 系统工程理论与实践,2012,32(11):2351-2362.

[106] 周华,郑雪姣,崔秋勇. 基于中小企业技术创新激励的环境工具设计[J]. 科研管理,2012, 33(5):8-18.

[107] 李寿德,黄采金,魏伟,等. 排污权交易条件下寡头垄断厂商污染治理R&D 投资与产品策略[J]. 系统管理学报,2013,22(4):586-591.

[108] 易永锡,李寿德,刘文君,等. 排污权交易条件下厂商污染治理技术投资最优控制策略 [J]. 系统管理学报,2014,23(1):57-61.

[109] LI S D. A differential game of transboundary industrial pollution with emission permits trading [J]. Journal of Optimization Theory and

Applications,2014,163(2):642-659.

[110] 武康平,童健.环境税收政策抉择机制优化研究:从激发企业内生性环境治理动机视角出发[J].经济学报,2015,(3):115-135.

[111] 王明喜,鲍勤,汤铃,等.碳排放约束下的企业最优减排投资行为[J].管理科学学报, 2015,18(6):41-57.

[112] 黄帝,陈剑,周泓,等. 配额-交易机制下动态批量生产和减排投资策略研究[J].中国管理科学,2016,24(4):129-137.

[113] 何大义,陈小玲,许加强.限额交易减排政策对企业生产策略的影响[J].系统管理学报, 2016,25(2):302-307.

[114] 陈真玲,王文举.环境税制下政府与污染企业演化博弈分析[J].管理评论,2017,29(5): 226-236.

[115] 刘升学,易永锡,李寿德.排污权交易条件下的跨界污染控制微分博弈分析[J].系统管理学报,2017,26(2):319-325.

[116] 杨晶玉,李冬冬.基于双边减排成本信息不对称的排污权二级交易市场拍卖机制研究[J].中国管理科学,2018, 26(8):146-153.

[117] 赵爱武,关洪军.企业环境技术创新激励政策优化组合模拟与分析[J].管理科学,2018, 31(6):104-116.

[118] 魏守道.碳交易政策下供应链减排研发的微分博弈研究[J].管理学报,2018,15(5): 782-790.

[119] 何平林,乔雅,宁静,等.环境税双重红利效应研究:基于 OECD 国家能源和交通税的实证分析[J].中国软科学,2019(4):33-49.

[120] 郑石明.环境政策何以影响环境质量:基于省级面板数据的证据[J].中国软科学,2019(2):49-61,92.

[121] BAYRAMOGLI B. Transboundary pollution in the black sea:comparison of

institutional arrangements[J]. Environmental and Resource Economics, 2006,35(4):289-325.

[122] BERNMARD A, HAURIE A, VIELLE M, et al. A two-level dynamic game of carbon emission trading between Russia, China, and Annex B countries[J]. Journal of Economic Dynamics and Control, 2008, 32(6): 1830-1856.

[123] GÜNTHER M, HELLMANN T. International environmental agreements for local and global pollution[J]. Journal of Environmental Economics and Management, 2017, 81(9):38-58.

[124] MOSLENER U, REQUATE T. Optimal abatement in dynamic multi-pollutant problems when pollutants can be complements or substitutes[J]. Journal of Economic Dynamics and Control, 2007,31(7):2293-2316.

[125] MOSLENER U, REQUATE T. The dynamics of optimal abatement strategies for multiple pollutants—An illustration in the Greenhouse[J]. Ecological Economics, 2009, 68(5): 1521-1534.

[126] KUOSMANEN T, LAUKKANEN M. (In) Efficient environmental policy with interacting pollutants[J]. Environmental and Resource Economics, 2011, 48(4):629-649.

[127] CAPLAN A J, SILilva E C D. An efficient mechanism to control correlated externalities: redistributive transfers and the coexistence of regional and global pollution permit markets[J]. Journal of Environmental Economics and Management, 2005, 49(1):68-82.

[128] SILVA E C D, ZHU X. Emissions trading of global and local pollutants, pollution havens and free riding[J]. Journal of Environmental Economics

and Management,2009,58(2): 169-182.

[129] WANG Z Y. Permit trading with flow pollution and stock pollution[J]. Journal of Environmental Economics and Management,2018,91(7):118-132.

[130] FULLERTON D, KARNEY D H. Multiple pollutants, co-benefits, and suboptimal environmental policies [J]. Journal of Environmental Economics and Management,2017, 87(8):52-71.

[131] LEGRAS S, ZACCOUR G. Temporal flexibility of permit trading when pollutants are correlated[J]. Automatica,2011,47(5):909-919.

[132] YANG Z L. Negatively correlated local and global stock externalities: tax or subsidy[J]. Environment and Development Economics,2006,11(3): 301-316.

[133] JRGENSEN S, MARTíN-HERRáN G, ZACCOUR G. Dynamic games in the economics and management of pollution[J]. Environmental Modeling and Assessment, 2010, 15(6): 433-467.

[134] AMBEC S, CORIA J. Policy spillovers in the regulation of multiple pollutants[J]. Journal of Environmental Economics and Management, 2018,87(5):114-134.

[135] 汤莉莉,刀谞,秦玮,等.大气超级站网建设及在江苏区域的集成应用实践[J].中国环境监测,2017,33(5):15-21.

[136] 赵莉,彭小辉,顾海英.传统空气污染物和温室气体减排最优控制策略[J].系统管理学报, 2016,25(3):506-513,526.

[137] BRAINARD W C, DOLBEAR F T. The possibility of oversupply of local "public" goods: a critical note[J]. Journal of Political Economy,1967,

75(1):86-90.

[138] KAITALA V,MLER K G,TULKENS H. The acid rain game as a resource allocation process with an application to the international cooperation among Finland, Russia and Estonia [J]. Scandinavian Journal of Economics,1992,97(2):325-343.

[139] MISSFELDT F. Game-theoretic modelling of transboundary pollution[J]. Journal of Economic Surveys,1999,13(3):287-321.

[140] SILVA E C D,CAPLAN A J. Transboundary pollution control in federal systems[J]. Journal of Environmental Economics and Management,1997, 34(2):173-186.

[141] RING I. Integrating local ecological services into intergovernmental fiscal transfers: The case of the ecological ICMS in Brazil [J]. Land Use Policy, 2008, 25(4): 485-497.

[142] Van H G,Bastiaensen J. Payments for ecosystem services:justified or not A political view[J]. Environmental Science and Policy,2010,13(8): 785-792.

[143] DENG H H, ZHENG X Y, HIANG N, et al. Strategic interaction in spending on environmental protection:spatial evidence from Chinese Cities [J]. China and World Economy,2012,20(5):103-120.

[144] WUNDER S. Revisiting the concept of payments for environmental services [J]. Ecological Economics,2015,117(8):234-243.

[145] SHI G M, WANG J N, ZHANG B, et al. Pollution control costs of a transboundary river basin: empirical tests of the fairness and stability of cost allocation mechanisms using game theory [J]. Journal of

Environmental Management,2016(177):145-152.

[146] BELLVER - DOMINGO A, HERNáNDEZ - SANCHO F, MOLINOS - SENANTE M. A review of Payment for Ecosystem Services for the economic internalization of environmental externalities: a water perspective [J]. Geoforum,2016(70):115-118.

[147] WEGNER G. Payments for ecosystem services (PES): a flexible, participatory, and integrated approach for improved conservation and equity outcomes[J]. Environment,Development and Sustainability,2016, 18(3):617-644.

[148] WU Z N,GUO X,LV C M,et al. Study on the quantification method of water pollution ecological compensation standard based on emergy theory [J]. Ecological Indicators,2017(92):189-194.

[149] AN X W,LI H M,WANG L Y,et al. Compensation mechanism for urban water environment treatment PPP project in China[J]. Journal of Cleaner Production,2018(201):246-253.

[150] JIANG K, YOU D M, LI Z D, et al. A differential game approach to dynamic optimal control strategies for watershed pollution across regional boundaries under eco-compensation criterion[J]. Ecological Indicators, 2019(105):229-241.

[151] HU D B, LIU H W, CHEN X H, et al. Research on the ecological compensation standard of the basin pollution control project based on evolutionary game theory and by taking Xiangjiang River as a case[J]. Frontiers of Engineering Management,2019,6(4):1-9.

[152] JIANG K, MERRILL R, YOU D M, et al. Optimal control for

transboundary pollution under ecological compensation: a stochastic differential game approach [J]. Journal of Cleaner Production, 2019 (241):118391.

[153] YI Y X, WEI Z J, FU C Y. A differential game of transboundary pollution control and ecological compensation in a river basin[J]. Complexity, 2020 (2020):1-13.

[154] 王军锋,侯超波,闫勇. 政府主导型流域生态补偿机制研究:对子牙河流域生态补偿机制的思考[J]. 中国人口·资源与环境,2011,21(7):101-106.

[155] 曲富国,孙宇飞. 基于政府间博弈的流域生态补偿机制研究[J]. 中国人口·资源与环境, 2014,24(11):83-88.

[156] 周永军. 流域污染跨界补偿机制演化机理研究[J]. 统计与决策,2015,(1):54-58.

[157] 黄策,王雯,刘蓉. 中国地区间跨界污染治理的两阶段多边补偿机制研究[J]. 中国人口·资源与环境,2017,27(3):138-145.

[158] 景守武,张捷. 新安江流域横向生态补偿降低水污染强度了吗[J]. 中国人口·资源与环境, 2018, 28(10): 152-159.

[159] 姜珂,游达明. 基于区域生态补偿的跨界污染治理微分对策研究[J]. 中国人口·资源与环境,2019,29(1):135-143.

[160] 吴立军,李文秀. 基于公平视角下的中国地区碳生态补偿研究[J]. 中国软科学,2019(4): 184-192.

[161] 徐松鹤,韩传峰. 基于微分博弈的流域生态补偿机制研究[J]. 中国管理科学,2019,27(8): 199-207.

[162] 郑云辰,葛颜祥,接玉梅,等. 流域多元化生态补偿分析框架:补偿主体

视角[J]. 中国人口·资源与环境,2019,29(7):131-139.

[163] ULPH A. Environmental policy and international trade when governments and producers act strategically[J]. Journal of Environmental Economics and Management,1996,30(3): 265-281.

[164] MOLEDINA A A, COGGINS J S, POLASKY S, et al. Dynamic environmental policy with strategic firms: prices versus quantities[J]. Journal of Environmental Economics and Management,2003,45(2):356-376.

[165] YEUNG D W K. Dynamically consistent cooperative solution in a differential game of transboundary industrial pollution[J]. Journal of Optimization Theory and Applications, 2007,134(1):143-160.

[166] MITRA S R,WEBSTER S. Competition in remanufacturing and the effects of government subsidies[J]. International Journal of Production Economics,2008,111(2):287-298.

[167] JRGENSEN S,MARTíNHERRáN G,ZACCOUR G. Dynamic games in the economics and management of pollution[J]. Environmental Modeling and Assessment,2010,15(6): 433-467.

[168] HONG I,Ke J S. Determining advanced recycling fees and subsidies in "E - scrap" reverse supply chains[J]. Journal of Environmental Management,2011,92(6):1495-1502.

[169] FENG W,JI G J,PARDALOS P M. Effects of government regulations on Manufacturer's behaviors under carbon emission reduction[J]. Environmental Science and Pollution Research, 2019, 26(18): 17918-17926.

[170] LI J,SU Q,LAI K K. The research on abatement strategy for manufacturer in the supply chain under information asymmetry[J]. Journal of Cleaner Production,2019(236):117514.

[171] 王能民,孙林岩,杨彤. 治污投资的政府最优政策博弈[J]. 中国人口·资源与环境,2005, 15(6):24-26.

[172] 张学刚. 政府环境监管与企业污染的博弈分析及对策研究[J]. 中国人口·资源与环境, 2011,21(2):31-35.

[173] 宋之杰,孙其龙. 减排视角下企业的最优研发与补贴[J]. 科研管理,2012,33(10):80-89.

[174] 张倩,曲世友. 环境规制下政府与企业环境行为的动态博弈与最优策略研究[J]. 预测, 2013,32(4):35-40.

[175] 游达明,朱桂菊. 不同竞合模式下企业生态技术创新最优研发与补贴[J]. 中国工业经济, 2014(8):122-134.

[176] 胡震云,陈晨,王慧敏,等. 水污染治理的微分博弈及策略研究[J]. 中国人口·资源与环境,2014,24(5):93-101.

[177] 邹伟进,裴宏伟,王进. 基于委托代理模型的企业环境行为研究[J]. 中国人口·资源与环境,2014,24(S1):51-54.

[178] 蒋丹璐,曹国华. 流域污染治理中政企合谋现象研究[J]. 系统工程学报,2015,30(5):584-593.

[179] 程发新,邵世玲,徐立峰,等. 基于政府补贴的企业主动碳减排最优策略研究[J]. 中国人口·资源与环境,2015,25(7):32-39.

[180] 侯玉梅,朱俊娟. 非对称信息下政府对企业节能减排激励机制研究[J]. 生态经济,2015, 31(1):97-102.

[181] 曹兰英. 基于博弈模型探索政府对企业治污财政补贴的优化[J]. 人文

杂志,2017(6): 60- 67.

[182] 张盼,熊中楷. 基于政府视角的最优碳减排政策研究[J]. 系统工程学报,2018,33(5): 627-636,697.

[183] 张艳楠,孙绍荣. 企业治污投入与排污权交易政策动态一致性的博弈机制研究[J]. 管理评论,2018,30(5):239-248.

[184] 陈克贵,曹庆仁,王新宇,等. 非对称减排技术水平下企业减排投资策略及合同设计[J]. 系统管理学报,2019,28(2):338-346.

[185] 李冬冬,杨晶玉. 基于政府补贴的企业最优减排技术选择研究[J]. 中国管理科学,2019, 27(7):177-185.

[186] 夏晖,王思逸,蔡强. 多目标碳配额分配下的减排技术投资策略研究[J]. 系统工程理论与实践,2019,39(8):2019-2026.

[187] HUANG X, HE P, ZHANG W. A cooperative differential game of transboundary industrial pollution between two regions [J]. Journal of Cleaner Production,2016,120(120):43-52.

[188] 张晓蓉. 论环境会计与可持续发展[J]. 山西财经大学学报,2016,38(S2):61-63,67.

[189] 王金南,宁淼,孙亚梅,等. 改善区域空气质量 努力建设蓝天中国:重点区域大气污染防治“十二五”规划目标、任务与创新[J]. 环境保护,2013,41(5):18-21.

[190] TAMAKI M,姚铃铃. N2O 对全球变暖和臭氧层破坏的影响[J]. 世界环境,1990(2): 12-16.

[191] 崔晶,孙伟. 区域大气污染协同治理视角下的府际事权划分问题研究[J]. 中国行政管理, 2014,(9):11-15.

[192] BENCHEKROIN H, RAY CHAUDHURI R. Transboundary pollution and

clean technologies[J]. Resource and Energy Economics,2014,36(2):601-619.

[193] EL OUARDIGHI F, Sim J E, KIM B. Pollution accumulation and abatement policy in a supply chain[J]. European Journal of Operational Research,2016,248(3):982-996.

[194] 张文彬,李国平. 环境保护与经济发展的利益冲突分析:基于各级政府博弈视角[J]. 中国经济问题,2014(6):16-25.

[195] 张俊. 我国环境污染治理的障碍及对策[J]. 环境保护,2007(18):56-58.

[196] 朱坦,王天天,高帅. 遵循生态文明理念以资源环境承载力定位经济社会发展[J]. 环境保护,2015,43(16):12-14.

[197] 朱松丽,张海滨,温刚,等. 对 IPCC 第五次评估报告减缓气候变化国际合作评估结果的解读[J]. 气候变化研究进展,2014,10(5):340-347.

[198] 张伟,张宏业,张义丰. 基于"地理要素禀赋当量"的社会生态补偿标准测算[J]. 地理学报,2010,65(10):1253-1265.

[199] 王军锋, 侯超波. 中国流域生态补偿机制实施框架与补偿模式研究:基于补偿资金来源的视角[J]. 中国人口·资源与环境, 2013,23(2):23-29.

[200] NKUIYA B,COSTELLO C. Pollution control under a possible future shift in environmental preferences[J]. Journal of Economic Behavior and Organization,2016(132):193-205.

[201] MASOUDI N,ZACCOIR G. Emissions control policies under uncertainty and rational learning in a linear-state dynamic model[J]. Automatica,2014,50(3):719-726.

[202] 符淼,黄灼明.我国经济发展阶段和环境污染的库兹涅茨关系[J].中国工业经济,2008(6):35-43.

[203] 丁镭,黄亚林,刘云浪,等. 1995—2012 年中国突发性环境污染事件时空演化特征及影响因素[J].地理科学进展,2015,34(6):749-760.

[204] 李国平,张文彬.地方政府环境保护激励模型设计:基于博弈和合谋的视角[J].中国地质大学学报(社会科学版),2013,13(6):40-45.

[205] 崔鑫生,韩萌,方志.动态演进的倒“U”型环境库兹涅茨曲线[J].中国人口・资源与环境,2019,29(9):74-82.

[206] 刘春兰,谢高地,甄林,等.中国不同发展阶段地区环境可持续性状态与趋势研究[J].中国人口・资源与环境,2007(3):106-111.

[207] 田成川.构建我国环境承载力评价制度的建议[J].宏观经济管理,2006(6):39-41.

[208] 叶菲菲,王应明.大气污染区域合作治理策略选择:基于加权 DEA 的博弈分析[J].系统科学与数学,2019,39(1):37-50.

[209] 杨妍,孙涛.跨区域环境治理与地方政府合作机制研究[J].中国行政管理,2009(1): 66-69.

[210] 周五七,聂鸣.碳排放与碳减排的经济学研究文献综述[J].经济评论,2012(5):144-151.

[211] 曾贤刚,周海林.全球可持续发展面临的挑战与对策[J].中国人口・资源与环境,2012, 22(5):32-39.

[212] 党秀云.论合作治理中的政府能力要求及提升路径[J].中国行政管理,2017(4):46-52.

[213] MASOUDI N,ZACCOUR G. A differential game of international pollution control with evolving environmental costs [J]. Environment and

Development Economics, 2013, 18(6): 680-700.

[214] BRETON M, ZACCOUR G, ZAHAF M. A differential game of joint implementation of environmental projects[J]. Automatica, 2005, 41(10): 1737-1749.

[215] DE ZEEUW A, ZEMEL A. Regime shifts and uncertainty in pollution control[J]. Journal of Economic Dynamics and Control, 2012, 36(7): 939-950.

[216] 俞海,张永亮,夏光,等.最严格环境保护制度:内涵、框架与改革思路[J].中国人口·资源与环境,2014,24(10):1-5.

[217] GELVES A, MCGINTY M. International environmental agreements with consistent conjectures[J]. Journal of Environmental Economics and Management, 2016(78):67-84.

[218] 黄世贤.企业社会责任的经济学思考[J].江西社会科学,2006,26(6):135-40.

[219] 李国平,王奕淇.地方政府跨界水污染治理的"公地悲剧"理论与中国的实证[J].软科学, 2016,30(11):24-28.

[220] 陈东,王良健.环境库兹涅茨曲线研究综述[J].经济学动态,2005(3):104-108.

[221] 席恒,雷晓康.合作收益与公共管理:一个分析框架及其应用[J].中国行政管理,2009 (1):109-113.